깨!

곤충과 함께 찾아가는 에너지 대탐험

글 서원호·안소영 | 그림 조봉현

곤충과 함께 찾아가는 에너지 대탐험

속력=거리÷시간

dB Hz

1L=1000mL

1km=1000m
1m=100cm

원의 둘레=지름×3.14

in
yd

1ha=100a

1t=1000kg
1kg=1000g

㈜자음과모음

차례

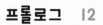

책머리에

"선생님, 여기 개미가 있어요!"

아이들이 쭉 몰려갑니다. 빙 둘러 모여든 아이들 사이로 개미들이 줄지어 가고 있어요. 아이들은 신기한 듯 빙 둘러 머리를 모으고 개미들의 움직임을 관찰합니다. 개미가 가는 길을 방해하려고 한 친구가 막대기로 막았어요. 개미들은 아랑곳하지 않고, 막대기를 돌아 꿋꿋하게 제 갈 길을 가는 거예요.

"개미가 먹이를 가지고 집에 가나 보다. 우리도 이제 교실로 들어갈까요?"

선생님 말을 듣고 아이들은 개미들처럼 한 줄로 줄지어 교실로 들어갑니다.

곤충과 함께 찾아가는 에너지 대탐험

아침이에요. 조용한 1교시 수업 시간에 창밖으로 새들이 지저귀는 소리가 들려옵니다. 참새들이 아이들 책 읽는 소리를 따라하는 듯 목소리를 높이기도 하지요.

"선생님, 벌이 들어왔어요!"

한 친구의 외침에 수업 분위기가 갑자기 소란스러워졌어요. 벌은 온 교실을 헤집고 날아다닙니다.

"얘들아, 벌이 길을 잃었나 봐."

선생님 말에 아이들은 모든 창문을 활짝 열고 벌을 쳐다봤어요. 벌은 창문에 부딪혔다가 천장을 빙빙 돌기만 할 뿐 나가는 길을 찾지 못하고 있었어요.

"선생님, 창문이 열려 있는데도 벌이 길을 못 찾아요."

안타까워하는 아이에게 웃음을 지으며 선생님은 딸깍, 전등을 모두 끕니다. 순간 교실이 어두워졌어요. 잠시 뒤 윙윙거리며 천장 위를 날던 벌이 창밖의 빛을 보고 길을 찾아 나가네요.

"와!"

아이들의 환호에는 무서웠던 벌이 사라진 후에 안도감과 벌에게 길을 찾아 준 성취감이 묻어납니다.

봄철 교실에 예쁜 꽃이라도 있으면 나비도 들어옵니다. 나비는 가만히 꽃 주변을 맴돌거나 꽃에 앉아 공부하는 아이들을 보는 듯합니다. 여름에는 매미가 아이들보다 더 소란스럽게 울기도 하고, 파리가 들어와 아이들을 간지럽히며 공부를 방해하기도 하지요. 가을에는 딱정벌레를 발견한 아이가 영웅처럼 친구들의 부러움을 사기도 합니다. 어느 해 겨울에는 새들이 따뜻한 곳을 찾아 빈 교실 구석에 알을 낳았는데요. 그 알을 깨고 부화한 새끼 새들이 우리를 놀라게 한 일이 떠오릅니다.

여러분도 학교에서 개미를 본 적이 있나요? 개미는 우리 주변에서 흔히 보는 곤충이지요. 아이들이 특히 좋아하는 곤충이기도 하고요. 또 비가 온 후 하교 길에 꿈틀거리는 지렁이를 본 적도 있을 거예요. 혹은 선생님처럼 교실로 들어온 벌 때문에 놀란 적은 없었나요?

이렇게 학교에는 많은 동식물과 곤충이 함께 있지요. 무심코 지나가는 학교 등굣길이나 운동장, 그리고 화단이나 학교 텃밭을 살펴보세요. 이제껏 우리가 미처 보지 못했던 친구들이 보일 거예요.

이 책은 학교에서 함께 살고 있는 곤충들의 이야기를 담았습니다. 자연을 사랑하는 호기심 많은 동글이가 개미의 초대를 받아 땅속 세상으로 들어가면서 이야기가 시작되지요. 또 길 잃은 벌을 도와주던 유니와 태양이도 동글이와 함께 곤충 세상을 탐험하게 됩니다. 학교 화단에서 이루어지는 탐험이지만 세 친구들은 곤충만큼

곤충과 함께 찾아가는 에너지 대탐험

작아지면서 곤충의 시각으로 세상을 바라봅니다. 가장 먼저 달라지는 것은 단위입니다. 세 친구는 생활 속에서 사용하는 단위를 이용해 곤충들을 돕고 어려운 난관을 극복합니다. 세 친구의 흥미진진한 이야기를 따라가다 보면, 곤충의 생태를 바탕으로 다양한 단위의 쓰임을 알고, 세상을 움직이는 에너지의 중요성을 이해하게 될 것입니다.

또한 이 글을 통해 크기는 작지만 우리와 함께 살고 있는 곤충의 존재에 관심을 갖고, 그들의 관점에서 생각해 보기를 바라는 마음을 담았습니다. 작은 곤충들을 단지 관찰 대상이나 혹은 장난의 도구로 여기는 마음에서 좀 더 성숙해, 함께 사는 지구 생명체 친구로서 아끼고 사랑하기를 희망합니다.

유난히 덥고 길었던 여름이 지나고 서늘한 바람이 붑니다. 글을 쓰는 동안 울어 대던 매미도 땅속으로 숨어들어가 보이지 않네요. 다시 따뜻한 바람과 함께 땅속에 움츠렸던 곤충들을 만날 봄을 기다려 봅니다.

서원호, 안소영

책머리에

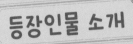

동글이

동물과 곤충 등 자연에 호기심이 많으며 긍정적이고 낙천적이다. 침착하면서도 결단력이 있는 성격으로 친구들의 신뢰를 받고 있다. 유니, 태양이와는 단짝 친구다.

유니

수학 문제나 탐정 문제처럼 어려운 문제에 도전하고 해결하는 것을 좋아한다. 책을 많이 읽어 아는 게 많다. 지적이면서 리더십도 강해 친구들이 잘 따른다.

태양이

운동을 좋아하며 명랑하고 쾌활하다. 친구들을 웃겨주는 것을 좋아해 엉뚱한 질문이나 장난스런 행동을 자주 한다. 생각보다는 행동이 앞서는 경우가 많다.

프롤로그

"늦었다, 늦었어."

동글이는 오늘도 헐레벌떡 뛰어간다.

등 뒤에 맨 가방이 어깨 위에서 털썩털썩 춤을 추고, 오른손에 잡은 실내화 가방도 덩실덩실 위아래로 흔들렸다.

'선생님이 오늘도 지각하면 무서운 벌을 내리겠다고 신신당부하셨는데……'

동글이는 오늘 정말 일찍 일어나서 등교 준비를 했다.

"엄마, 저 학교 다녀오겠습니다."

동글이는 허둥지둥 가방을 둘러메고 신발을 신으면서 인사했다.

곤충과 함께 찾아가는 에너지 대탐험

"동글아, 밥 먹고 가야지."

엄마가 부르는 소리를 뒤로 한 채 현관문이 찰칵 닫혔다.

아파트 입구에 다다랐을 때 고양이 뚱이가 동글이를 보고 다가왔다. 뚱이는 동글이 옆으로 와서 반갑다는 듯 발을 핥았다.

"안 돼, 오늘은 얼른 학교 가야 해."

"야옹."

뚱이가 동글이를 쳐다보았다.

"아이 참, 내가 학교 다녀와서 놀아 줄게. 미안 미안."

동글이는 뚱이의 머리를 한 번 쓰다듬어 주고는 얼른 일어났다.

‘오늘은 기필코 일찍 학교에 가고 말겠어.’

동글이는 마음속으로 다짐을 했다.

오늘따라 날씨도 맑고 바람도 시원하게 느껴졌다. 작은 공원과 집 앞으로 흐르는 하천에 싱그러운 아침 햇살이 비쳐 들었다.

동글이는 학교 가는 길에 꼭 공원을 들렀다. 작은 공원이지만 나무들과 새들, 작은 곤충들이 여럿 있어서 호기심 많은 동글이의 발길을 붙잡았기 때문이다.

공원 앞으로는 맑은 물이 흐르는 작은 하천도 있었다. 동글이는 하천 징검다리를 깡충깡충 건너는 것을 좋아해 일부러 돌아서 가느라 자주 학교에 늦곤 했다.

어제 아침에는 징검다리를 건너다가 물속에서 커다란 붕어를 발견하고는 두루미가 붕어를 잡아먹으면 어쩌나 한참 살펴보느라 학교에 늦었다.

선생님은 동글이가 늦게 오면 걱정이 된다고 했지만, 동글이는 붕어가 더 걱정됐기 때문에 어쩔 수 없었다고 말씀드렸다. 그리고는 내일은 꼭 일찍 오겠다며 선생님과 약속을 했다.

“와! 1등으로 왔다!”

오늘은 동글이가 친구들보다 일찍 학교에 왔다.

“이제는 절대 지각 대장이라는 소리를 듣지 않겠어.”

곤충과 함께 찾아가는 에너지 대탐험

동글이는 계단을 껑충껑충 뛰어 한달음에 3층 교실까지 올라갔다. 아직 친구들은 하나도 오지 않았다.

"아, 복도가 너무 조용한걸!"

동글이는 긴 복도를 흘끔 쳐다보고는 성큼성큼 걸어 교실 문 앞에 섰다.

'교실에 처음 들어간다는 건 어떤 기분일까?'

동글이는 빈 교실 문을 처음 열고, 불을 켜고, 창문을 열고 친구들을 기다리는 기분이 어떨까 상상하며 문을 잡아 당겼다.

"끄응……."

그런데 교실 문이 열리지 않았다. 힘을 주어 다시 한번 잡아당겨

보았지만 굳게 닫힌 문이 열리지 않았다.

"뭐야! 문이 잠겨 있잖아."

혹시나 하는 마음으로 창문을 흔들어 보았지만 역시 창문도 굳게 잠겨 있었다. 동글이는 실망한 마음으로 닫힌 문 앞에 주저앉았다.

"에이, 할 수 없지 뭐."

누군가 문을 열어 주기를 기다리는 수밖에 없었다.

실망스러운 마음도 잠시, 동글이는 누가 오지 않을까 계단을 내려다보다가 갑자기 가방을 챙겨 뒷문 구석으로 가서 쪼그리고 앉았다.

"크크, 첫 번째로 오는 친구를 놀려 줘야지. 내가 이렇게 일찍 오리라고는 아무도 생각 못 했을걸!"

동글이는 친구를 깜짝 놀릴 생각에 웃음이 나왔다.

구석에서 한껏 몸을 움츠리고 있던 동글이는 너무 일찍 일어난 탓에 자꾸만 눈이 감겼다.

처벅처벅.

멀리서 누군가 다가오는 소리가 났다.

동글이는 감기던 눈에 힘을 주고 고개를 빼꼼히 내밀어 복도 끝을 응시했다. 소리는 들리는데 아직 아무것도 보이지 않았다. 언제나 친구들로 북적이던 복도가 왠지 으스스하고 길게만 느껴졌다.

'으, 무섭다!'

당당하던 모습은 어디 가고 동글이는 점점 어깨가 오싹해지기 시작했다.

"거기 숨어 있는 녀석! 누구니? 얼른 니와."

동글이가 몸을 일으켜 살짝 일어나려는데 누군가 큰 목소리로 동글이를 불렀다.

순간 동글이는 너무 놀라 엉겁결에 계단을 뛰어 밖으로 도망쳤다.

1장
개미지옥의 함정

"휴, 살았다."

동글이는 뒤도 돌아보지 않고 정신없이 밖으로 뛰어나왔다.

'너무 일찍 오면 안 되는 건가? 역시 밖에서 기다리는 게 낫겠어.'

한숨을 돌리고 주위를 둘러보았지만 아직 등교하는 친구들이 보이지 않았다. 동글이는 할 수 없이 가방을 멘 채로 운동장으로 향했다.

"어? 언제 이렇게 자랐지?"

운동장 주변 화단 앞에는 다양한 식물들을 심은 텃밭 화분들이 보였다.

"고추, 가지, 상추, 방울토마토……. 진짜 많이 심었네. 어, 여기 있다!"

곤충과 함께 찾아가는 에너지 대탐험

동글이네 반은 지난번에 친구들과 함께 감자를 심고 팻말을 붙여

두었다.

"와, 많이 자랐네!"

지난번에 심은 감자가 어느새 무성한 잎으로 가득했다.

"물이나 줄까?"

동글이는 한동안 감자를 돌보지 못한 것이 미안했다. 급한 마음에

손바닥에 물을 받아 감자에게 주기로 했다.

동글이는 수돗가로 가서 손바닥 가득 물을 담았다. 그러나 화분까

지 가는 길에 물은 손가락 사이로 줄줄 새어 나왔다.

"에이, 물이 다 새네. 어쩌지?"

번뜩 과자 먹을 때 종이를 접어 먹었던 것이 생각났다. 동글이는 얼른 가방 속에서 색종이를 한 장 꺼냈다. 색종이를 요리조리 신중하게 접어 주머니 모양을 완성했다.

"이렇게 하니까 물을 주기가 쉽구나!"

신이 나서 몇 번 왔다 갔다 하며 물을 주던 동글이는 어느새 힘이 들었는지 털썩 주저앉았다.

"아야!"

동글이는 깜짝 놀라 주변을 둘러보았다. 분명 아무도 없는데 이상한 소리가 들렸기 때문이다.

"뭐지?"

"여기야, 여기!"

그때 동글이를 부르는 소리가 들렸다.

땅바닥에 개미 한 마리가 있었다.

"설마?"

동글이는 눈을 크게 뜨고 개미와 닿을 정도로 가깝게 고개를 숙였다.

"깜짝 놀랐잖아. 갑자기 내 길을 막으면 어떡해?"

"어, 미안해."

동글이는 얼떨결에 사과를 했다.

"앞으로 조심해! 우리들은 바빠서 이만."

개미는 동글이에게 다리를 들이 비키라는 몸짓을 했다. 동글이는 얼른 일어나 한쪽으로 비켜서며 개미를 바라보았다.

개미 뒤쪽으로 다른 개미들이 길게 줄을 서서 먹이를 들고 이동하고 있었다.

"그런데 너희 어디 가는 길이니?"

동글이는 앞장서서 걷고 있는 개미에게 말을 걸었다.

"궁금해? 그럼 따라와."

동글이는 교실에 가야 한다는 생각도 잊고 고개를 끄덕였다. 뭔가 재미있는 일이 벌어질 것 같은 생각이 들었기 때문이다.

따라 걷다 보니 개미들이 작은 구멍 속으로 한 마리씩 들어가는 것이 보였다.

'설마, 내가 저기에 들어갈 수 있다고?'

동글이는 입구 앞에서 망설였다. 그러나 순간,

"어, 어, 엄마!"

동글이는 개미를 따라 구멍 속으로 훅 빨려 들어갔다.

한참을 왔을까.

"여기가 어디지?"

좁은 길에 도착하니 아무것도 보이지 않았다. 잠시 후 눈이 환해지더니 여기저기 뭔가 움직이는 것이 보이기 시작했다.

"개미네!"

"안녕, 우리 개미집에 온 걸 환영해!"

동글이가 어리둥절하게 쳐다보자 개미가 앞발을 내밀며 말했다.

"난, 머스라고 해."

"머스?"

"응, 여왕개미님이 지어 주신 이름이지."

"반가워, 난 동글이라고 해."

동글이도 얼떨결에 대답했다.

"머스, 그런데 내가 너처럼 작아진 거야?"

"그럼, 우리 개미처럼 작아져야 개미집에 올 수 있지. 네가 오고 싶다고 했잖아."

개미는 별일 아니라는 듯 태연하게 말했다.

"으앙, 엄마! 어엉, 엉엉!"

"갑자기 왜 울어 동글아?"

"내 키가 개미만 하다니! 언제 이렇게 작아진 거야?"

동글이는 울먹이며 말했다.

곤충과 함께 찾아가는 에너지 대탐험

"네가 아까 우리를 따라온다고 고개를 끄덕였을 때부터 점점 작아졌을걸."

"아, 어떡해. 으앙!"

동글이는 또 한 번 울음을 터뜨렸다.

"동글아, 울지마."

머스는 동글이 어깨를 톡톡 치며 위로했다.

"머스야, 혹시 내 몸이 다시 커질 수 있을까?"

"글쎄……. 그렇지만 너무 걱정 마. 우리 여왕개미님을 소개시켜 줄게. 여왕개미님은 무엇이든 알고 계시거든."

"정말이지?"

동글이는 머스의 말에 한결 안심이 됐다.

"그래, 여기까지 왔으니 너만 믿을게, 머스야."

동글이가 놀란 마음을 털며 말했다.

"그래, 이제부터 나를 잘 따라와야 해."

"알았어, 고마워."

동글이는 머스를 따라 개미집을 구경하기로 했다.

한참을 땅속 굴을 따라 내려갔다.

똑똑

머스가 여왕개미의 방을 두드렸다.

"여왕님, 손님이 왔어요."

"손님?"

"안녕하세요. 동글이라고 합니다."

"동글이?"

여왕개미는 다른 개미들보다 크고 아름다웠다.

"네, 학교 텃밭 근처에서 만난 친구인데 우리 개미집을 구경하고
싶다고 해서 함께 왔어요."

"잘 왔어요. 우리 집을 마음껏 구경하도록 해요."

여왕개미님은 마음씨도 따뜻했다.

"저, 여왕개미님. 먼저 여쭤보고 싶은 게 있는데요."

"아, 뭐죠? 무엇이든 물어보세요."

동글이는 용기를 내어 물었다.

"저, 제가 원래 이만큼 엄청 큰데요."

동글이는 두 손을 높이 들었다.

"여기 들어올 때 갑자기 작아졌어요. 혹시 다시 원래대로 커질 수 있을까요?"

동글이의 말을 가만히 듣던 여왕개미가 조용히 미소를 지었다.

"걱정 말아요. 당신이 우리 개미집을 구경하고 싶은 마음 때문에 작아진 거니까, 여기 올 때처럼 마음이 움직이면 언제든 커질 수 있을 거예요."

동글이는 마음이 편안해졌다.

"자, 이제 개미집에 대해 알려 줄게요. 먼저 우리 개미 왕국은 내가 사는 여왕개미 방을 비롯해서 애벌레 방, 번데기 방, 먹이 창고, 쓰레기장이 있어요. 일개미와 수개미가 사는 방도 있답니다. 또 우리를 안전하게 지켜주는 병정개미를 위한 방도 있지요."

"와, 방이 많군요."

"네, 긴 굴을 따라 여러 개의 방으로 나누어져 있어요."

"맞아요, 오다 보니까 꾸불꾸불한 길이 엄청 길더라고요. 한 3m는 돼 보였어요."

동글이 말에 여왕개미가 깜짝 놀랐다.

"3m요? 그게 무슨 말인지?"

"네, 제가 사는 곳에서는 길이를 단위로 비교해서 말하거든요. 길이를 재는 단위는 여러 가지가 있는데 이렇게 길이가 길면 1m를 ★기본단위로 써요."

★ **기본단위**
길이나 양을 잴 때 기본이 되는 측정 단위.

"오, 그래요?"

"그러니까 3m는 1m를 세 번 더한 것과 같아요. 그런데 좀 짧은 경우는 cm 단위가 있고, 이것보다 더 짧은 단위는 mm를 쓰기도 해요."

"여왕님이 있는 이곳의 높이는 대략 5cm가 되니까."

곤충과 함께 찾아가는 에너지 대탐험

$$1m + 1m + 1m = 3m$$

"그럼, 5cm는 1cm를 다섯 번 더한 것과 같겠네요."
여왕개미가 금세 알아듣고 대답했다.

$$1cm + 1cm + 1cm + 1cm + 1cm = 5cm$$

"맞아요! 금방 이해하시다니 여왕개미님은 정말 대단해요."

"그런데 왜 길이를 단위로 말하는 거죠? 그냥 '길다, 아주 길다, 짧다, 아주 짧다'라고 하면 안 되나요?"

"음, 그건 어떤 약속과 같은 거예요. 예를 들어 개미집을 지을 때 일개미들에게 어느 정도 깊이로 지을 건지 서로 약속된 단위로 말하면 정확하게 지을 수 있어요."

"아, 그렇겠네요. 단위를 잘 배워 둬야겠어요. 동글이에게 새로운 걸 배웠으니 우리도 뭔가 특별한 비밀을 알려 줘야겠군요."

여왕개미는 곰곰이 생각하더니 개미집을 설명하기 시작했다.

"우리는 방을 이렇게 여러 개로 나누고 일개미, 병정개미, 수개미로 역할을 나누어서 협력하며 살고 있어요. 사실 우리 개미 왕국은

27

아프리카에 사는 흰개미가 짓는 집

좀 작은 편에 속하지만 이웃 나라에는 훨씬 크게 집을 짓는 친척들도 있어요. 좀 더운 나라에 사는 친척들인데 땅 위로 높게 집을 짓고 산답니다."

"얼마나 큰데요?"

"높이만 해도 보통 3m가 되고 높은 것은 6m 쯤 되지요."

동글이의 질문에 여왕개미는 방금 배운 길이 단위를 가늠해서 말했다. 동글이는 순간 책에서 보았던 아프리카 흰개미집이 떠올랐다.

"아! 에어컨도 있다는?"

"에어컨?"

"응, 책에서 봤는데, 개미집에 공기가 잘 들어오도록 일개미들이 개미집 아래쪽에 양옆으로 구멍을 파서 집 안을 시원하게 한다는 거야. 우리 집 에어컨처럼."

동글이가 머스에게 책에서 읽은 내용을 설명해 주었다.

"맞아요, 집을 지으면서 중간중간 옆으로 구멍을 파고 맨 꼭대기에도 구멍을 파서 공기가 빠져나가도록 하죠. 일종의 공기 순환이에요. 거긴 너무 더우니까 시원한 바람이 아래에서 위로 올라가면서 알과 애벌레가 숨을 쉴 수 있게 해 주고 개미집도 썩지 않게 하죠."

여왕개미도 동글이 말에 맞장구쳤다.

"정말 신기하네요."

"그럼, 이제부터 실제로 방들을 구경해 볼까?"

머스가 방을 나서며 말했다.

동글이는 머스의 안내를 받고 이곳저곳을 둘러보았다.

"작은 집에서 이렇게나 어떻게 살아?"

동글이는 좁은 곳에서 옹기종기 움직이는 개미들이 불편해 보였다.

"걱정 마! 이게 다가 아니지, 이제 시작이라니까. 우리 집에 방이 얼마나 많다고. 그리고 각 방마다 먹을 것도 많아."

머스는 자신이 지은 집을 무척 자랑스러웠다.

동글이는 머스를 따라 여기저기 둘러보며 더 깊은 곳으로 들어갔다.

"동글아, 그럼 네가 사는 곳은 방이 몇 개니?"

"응. 나는 땅 위에…… 그러니까 아프리카 흰개미처럼 높게 지은 아파트라는 곳에 사는데 우리 집에는 방이 세 개야. 부모님 방과 내 방 그리고 동생 방."

"높은 곳에서 사는구나. 그래서 너희도 아프리카 흰개미처럼 에어컨이라는 게 필요하구나."

동글이는 머스 말을 듣고 보니 아파트가 아프리카 흰개미 집과 비슷하다는 생각이 들었다.

"자, 다 왔어. 내가 꼭 구경시켜 주고 싶은 방인데 여기는 알을 키우는 방이야. 아마 백 개쯤 될 거야."

"뭐, 알이 백 개나 된다고?"

동글이는 깜짝 놀랐다.

방에 들어가 보니 과연 하얗고 동그란 것들이 모여 있었다.

"와, 저게 다 알이지? 굉장히 많네."

"응, 여기 있는 유모 개미들이 돌보고 있지."

"그래? 이 많은 알들을 어떻게 돌보는 거야? 무척 힘들겠다."

동글이는 분주하게 움직이는 유모 개미들을 보며 말했다.

"주로 알이 썩지 않게 움직여 주고 닦아 주는 일을 해."

"아, 개미알도 닦아 줘야 하는구나."

동글이는 어릴 때 엄마가 자주 씻겨 주셨던 기억이 났다.

"엄마도 내가 어릴 때 자주 닦아 주셨는데……."

동글이는 갑자기 엄마가 보고 싶어졌다.

하지만 곧 나갈 테니까 걱정 말자고 다짐했다.

"개미알들은 엄마랑 같이 살지 않는 거야?"

"응, 방이 따로 있어. 그렇지만 가끔 여왕개미님이 직접 오셔서

봐 주기도 해."

동글이는 좀 전에 만난 친절한 여왕개미를 떠올렸다.

"동글아, 뭐 먹을래?"

머스가 알을 키우는 방을 나서며 물었다.

"응. 배가 고프네."

31

동글이도 마침 배가 고팠다.

"저쪽 방에 가면 도마뱀 꼬리가 있을 거야."

"뭐, 도마뱀 꼬리?"

"응, 아까 가져온 거라 싱싱하거든."

"으웩! 난 도마뱀 꼬리 못 먹어."

동글이가 펄쩍 뛰며 말했다.

"아까 우리가 도마뱀 꼬리를 발견해서 집으로 가져오고 있었는데, 네가 갑자기 앉는 바람에 깔려 죽는 줄 알았다니까."

머스는 도마뱀 꼬리를 못 먹는다는 동글이의 말이 서운했다.

"아. 미안, 미안. 너희들이 가고 있는 줄 몰랐어. 먹이를 운반하고 있었구나. 그런데 왜 한 줄로 줄지어 다니는 거야."

동글이는 개미들을 처음 만났던 때를 떠올리며 말했다.

"그건 먹이를 처음 발견한 개미가 ★페로몬이라는 냄새나는 물질을 뿌리기 때문이야. 뒤따라오는 개미들이 그 냄새를 맡고 줄지어 오는 거지."

★ **페로몬**
개미들이 의사소통에 사용하는 화학적 신호.

"페로몬? 냄새를 뿌린다고?"

"응, 우리 개미들은 개미집 밖으로 나올 때 목숨을 걸고 나오기 때문에 늘 조심해야 해."

곤충과 함께 찾아가는 에너지 대탐험

"그렇게 위험해?"

"그럼, 아까 동글이 네가 우릴 밟을 뻔 했잖아. 그래서 먹이를 찾으러 나갈 때는 모두 나가지 않고 일단 몇몇 개미만 나와."

"위험해서 그렇구나?"

동글이가 물었다.

"맞아, 우리들만의 생존 전략이지. 그리고 집으로 돌아올 때도 나갈 때처럼 페로몬을 뿌리며 들어와."

"아하! 너희들만의 의사소통 방법이구나."

"그렇다고 봐야지! 이 더듬이로 그걸 알아내는 거고"

머스는 더듬이를 추켜세우며 자랑스럽게 말했다.

"머스야, 그런데 너희 집에 개미가 이렇게 많은데 몇몇 개미만 먹이를 구해 오면 먹이가 부족하지 않아?"

동글이는 아까 본 많은 개미들이 굶어 죽을까 봐 걱정됐다.

"그렇게 생각할 수도 있겠지만, 우리 **개미들은 모이주머니가 있어서 배가 고픈 다른 개미들에게 먹이를 나눠 줄 수가 있거든.** 자기들이 먹을 것 외에 다른 개미를 위해서도 모이주머니에 먹을 것을 넣어서 오는 거야. 한마디로 영양 교환이지."

동글이는 개미한테 모이주머니가 있다는 말을 듣고 무척 신기했다.

"사람도 모이주머니가 있어서 지금처럼 배고플 때 꺼내 먹으면

33

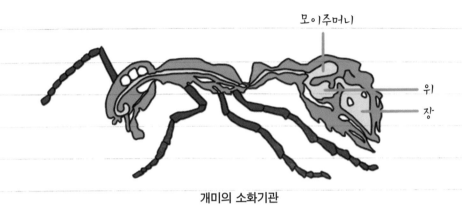

모이주머니

위

장

개미의 소화기관

좋을 텐데……. 우리는 배가 고프면 먹을 것을 찾아서 먹어야 해.

일반적으로 하루에 세 번 아침, 점심, 저녁에 먹는단다."

동글이는 갑자기 가방을 뒤적이더니 빵을 꺼냈다.

"찾았다. 배고플 때 먹으려고 어제 빵 반쪽을 가방에 넣어 둔 게

이제야 생각났네."

동글이가 빵을 한 입 베어 물었다.

"우리는 이렇게 **입을 통해서 음식을 씹고 식도, 위, 소장, 대장, 항**

문을 거쳐 배출이 되는 소화 과정을 거쳐."

동글이가 빵을 우걱우걱 씹으며 말했다.

"동글아, 이제 좀 힘이 나니?"

머스는 동글이가 빵을 맛있게 먹는 모습에 안심하며 말했다.

"그럼, 뭔가를 먹어야 힘이 생기지. 사람이나 개미나 먹이를 먹어

야 에너지가 생기기 마련인가 봐."

"맞아, 개미도 음식을 통해서 에니지를
얻어."

"**에너지는 탄수화물, 지방, 단백질의
형태로 음식에 들어 있거든. 이를 분해
해서 세포 내에 저장해 두었다가 필요할
때 에너지를 방출해.**"

동글이는 빵빵해진 배를 문지르며 말
했다.

"머스야, 나 이제 집에 가야겠어, 오늘
은 꼭 학교에 늦으면 안 되거든."

동글이는 문득 너무 오랫동안 개미집
에 있지 않았나 싶어 흠칫 놀랐다.

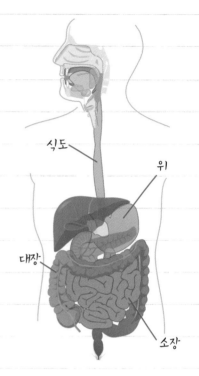

사람의 소화기관

"그래? 그럼 같이 나가자. 그런데 나갈 때 조심해야 해. 가끔 우
리 집 옆에 개미귀신이 덫을 놓거든."

"알았어. 걱정 마."

동글이는 서둘러 나가고 싶은 마음에 건성으로 흘려듣고는 대답
했다.

"아악! 사람 살려!"

급히 나가던 동글이가 소리쳤다.

35

"왜? 무슨 일이야?"

동글이 뒤를 따라 나오던 머스가 다급하게 물었다.

"으악! 살려 줘!"

동글이가 밖으로 나오다가 그만 개미귀신이 놓은 덫에 빠지고 말았다.

"어떡해? 무서워. 나 좀 살려 줘!"

동글이가 소리쳤다.

그러나 머스는 빨리 동글이한테 가지 못하고 주변만 서성였다.

"뭐 해? 얼른 나 좀 구해 줘."

"미안하지만 들어가면 나도 빠지고 말텐데! 어쩌면 좋지?"

머스가 머뭇거리며 도와주지 않자, 동글이는 살아야겠다는 생각으로 발버둥 치며 큰 소리로 말했다.

"머스, 일단 내 가방 좀 가져다 줘!"

머스는 얼른 동글이의 가방을 가져왔다.

"가방을 열면 줄자가 있어. 그걸 던져 줘."

"어떤 거?"

"기다랗게 생긴 거!"

그 사이 개미지옥 밑에서는 개미귀신이 먹잇감이 있는 걸 알아차리고 꿈틀거렸다.

소식을 듣고 많은 개미들이 발을 동동 구르며 안타깝게 지켜보고 있었다.

"이거?"

"응, 그거야. 머스! 줄자를 나한테 세게 던져! 그러면 내가 잡을 테니까 너랑 친구들이 반대편에서 잡아당겨 나를 구해 줘. 할 수 있겠어?"

동글이가 소리쳤다.

"알았어. 이제 던진다!"

줄자가 동글이 앞에 떨어지자 동글이는 줄자를 꼭 잡았다.

그 순간을 놓칠세라 머스와 친구 개미들은 영차영차 하면서 힘껏 줄자를 끌어당겼다.

"휴우."

동글이는 자리에 주저앉아 안도의 한숨을 쉬었다.

그 모습을 본 머스와 친구 개미들은 모두 환호성을 질렀다. 여태껏 개미지옥에 들어갔다가 무사히 살아 돌아온 경우가 없었기 때문이다.

먹잇감에게 다가오던 개미귀신은 멍하니 쳐다보며 꼼짝도 않고 있었다.

"머스야, 고마워. 모두 고마워요."

동글이는 개미지옥이 이렇게 무서운 줄을 몰랐다.

"개미지옥에서 살아온 건 네가 처음이야! 이 줄자라는 거 대단하네."

머스가 동글이를 치켜세우며 줄자를 살펴보았다.

동글이는 개미들에게 보답하고 싶은 마음에 줄자를 가지고 개미지옥에서 살아나는 방법을 알려 주어야겠다고 생각했다.

"머스야, 날 살려 준 보답으로 개미지옥에서 살아남는 법을 알려 줄게."

"정말? 와, 고마워."

머스와 개미 친구들은 동글이 옆으로 모여들었다.

"얘들아, 이 줄자를 들고 개미지옥 근처로 끌고 가 봐."

개미들이 동글이 말에 눈을 휘둥그레 뜨고 서로 눈치만 보았다.

"개미지옥으로 들어가라는 게 아니라 개미지옥 바깥을 빙 둘러 보라는 거야. 괜찮지?"

동글이는 그제야 눈치를 채고 말했다.

머스와 친구 개미들이 줄자를 잡고 개미지옥의 둘레 한 바퀴 돌 았다.

"둘레가 18.84cm네. 됐어, 바로 이거야."

동글이는 개미지옥의 지름을 계산했다.

"개미지옥의 둘레가 18.84cm이니까 개미지옥의 지름은 6cm이 고, 개미지옥 넓이는 28.26cm². 오케이! 머스야, 이리 와 봐. 이제 안전하게 개미지옥을 건너는 방법을 알려 줄게."

주위에 있던 개미들이 모두 모여 동글이를 쳐다보았다.

"둘레는 지름 곱하기 3.14와 같아. 그러니까 지름을 구하려면 둘 레 나누기 3.14를 하면 되지. 지름은 원에 대각선을 그었을 때 가장

개미지옥의 둘레＝18.84cm
둘레＝지름 × 3.14 이므로
지름＝18.84÷3.14＝6cm

원의 넓이＝3.14×반지름×반지름 이므로
개미지옥의 넓이＝3.14×3×3＝28.26cm²

긴 선이야. 앞으로 개미지옥을 보면 내가 한 것처럼 이 줄자로 둘레를 재고, 지름 길이보다 긴 막대를 가운데에 놓으면 돼. 알았지?"

"와! 정말 고마워 동글아."

"동글이 덕분에 이제 개미지옥에서 살아남을 수 있겠어!"

개미들은 모두 기뻐서 더듬이를 흔들며 동글이에게 박수를 쳐 주었다.

동글이는 개미들에게 손을 흔들어 작별 인사를 했다.

요즘에는 환경보호를 위해 일회용 종이컵 대신 물병을 사용하곤 한다. 물병의 지름이 6cm이라면 둘레는 몇 cm일까?

곤충과 함께 찾아가는 에너지 대탐험

세계 공통 단위 미터(m)

자동차는 수만 개의 부품으로 이루어진 기계입니다. 한 곳에서 만들기 어려울 경우 여러 나라에서 부품을 공급받는 경우가 있는데요. 바퀴 휠은 야드 단위를 사용해 만들고, 타이어는 미터 단위를 사용해 만든다면 정확히 조립이 될까요?

단위가 달라서 타이어와 휠이 맞지 않을 것입니다. 이럴 경우 경제적인 손실도 이만저만하지 않을 겁니다.

길이 단위 환산표

단위	센티미터(cm)	미터(m)	인치(in)	피트(ft)	야드(yd)
센티미터(cm)	1	0.01	0.3937	0.0328	0.0109
미터(m)	100	1	39.37	3.2808	1.0936
인치(in)	2.54	0.0254	1	0.0883	0.0278
피트(ft)	30.48	0.3048	12	1	0.3333
야드(yd)	91.438	0.9144	36	3	1

우리나라에서도 이러한 일이 있었습니다. 탐관오리가 들끓던 시대로 거슬러 올라가 보겠습니다. 어느 날 임금이 암행어사를 파견해 지방의 탐관오리를 잡아들이라는 명령을 내립니다. 마패와 함께 유척(놋쇠로 만든 길이를 측정하는 도구, 지금의 자)을 가져가게 하죠.

왜냐하면 탐관오리들은 자기들이 정한 큰 그릇이나 자를 이용해서 곡식, 옷감, 특산품을 규정보다 더 많이 거둬들이고 남는 것은 자기 몫으로 챙깁니다. 이러한 일을 막기 위해 유척을 이용해서 규정에 맞게 세금을 거둬들이게 한 것입니다.

당시의 유척은 길이를 측정하는 표준 도구라고 볼 수 있습니다. 이렇게 길이, 무게, 부피를 측정하는 도구를 총칭해 '도량형'이라고 합니다.

서로 다른 도량형의 기준을 바로 잡기 위해서 1875년 5월 20일에 길이의 단위인 '미터(m)'를 세계 표준으로 정했습니다. 그렇다면 길이의 단위인 미터가 세계 표준이 된 것이 우리 생활과 어떤 관련이 있을까요?

마트에서 식품을 살 때 무게를 달아 가격을 정하는데요. 저울마다 무게 기준이 다르다면 얼마나 불편할까요? 또

마패

유척

곤충과 함께 찾아가는 에너지 대탐험

한 우리 집 시계와 학교 시계가 서로 다른 시각을 가리킨다면 시간이 맞지 않아 하교 가기가 참 불편할 깃입니다.

도량형의 표준을 정하면 나라 간의 협력과 과학 발전에 많은 도움을 줄 수 있어요. 한 예로 1999년 미 항공우주국(NASA)이 발사한 화성 탐사선이 궤도 진입은 했으나 단위 입력 오류로 폭발하게 됩니다. 야드를 미터로 착각해 입력한 것이에요. 세계가 하나의 네트워크로 구성되고 있는 요즘 단위 표준의 중요성을 더 실감하게 됩니다.

2장

길을 잃어버린 벌

붕, 붕.

아이들이 모두 소리 나는 쪽으로 고개를 돌렸다.

"저기, 벌이다."

태양이가 벌을 가리키며 말했다.

"으악!"

"엄마야!"

"잡아, 잡아!"

순식간에 아이들이 자리에서 일어나 이리저리 도망쳤다. 소리를 지르는 아이들, 책을 들고 쫓아가는 아이들. 한순간에 교실은 아수라장이 됐다. 벌은 이리저리 정신없이 날아다니며 여기저기 부딪

윙~

우아아악

혔다.

"얘들아, 가만히 있어봐. 벌이 나가는 길을 찾고 있나 봐."

유니가 친구들에게 큰 소리로 말하며 교실 창문을 모두 열었다.

그러나 벌은 아직 교실 천장에서 붕붕거리며 맴돌 뿐 나가질 못하고 있었다.

"곤충들은 불빛을 좋아하잖아. 불을 끄면 밖이 환하니까 나가지 않을까?"

태양이가 교실 형광등을 모두 껐다.

아이들은 모두 벌의 움직임을 따라 눈동자를 굴리며 조용히 기다렸다. 벌은 한동안 교실 천장을 배회하다가 드디어 열린 창문으로 날아갔다.

"야호!"

교실 안 아이들이 모두 환호성을 질렀다.

유니는 걱정스러운 얼굴로 창밖으로 고개를 내밀어 벌이 날아가는 것을 바라보았다.

"걱정 마. 벌은 집을 잘 찾아. 벌써 집에 갔을 걸?"

태양이가 유니 옆으로 와서 말했다.

"그걸 어떻게 알아?"

"우리 삼촌이 벌을 키우는데 벌은 먹이를 발견하면 다른 벌들에게 8자 모양으로 알려 준대. 그러니 아마 벌은 방향을 잘 알고 집에 갔

곤충과 함께 찾아가는 에너지 대탐험

을 거야."

"그렇구나. 벌은 참 똑똑하네. 그런데 어쩌나 우리 교실로 길을 잘못 들었을까?"

유니의 말에 태양이가 웃으며 말했다.

"아무리 똑똑한 나도 실수를 하잖아. 크크"

"그나저나 이제 수업 시간 다 됐는데 동글이는 왜 안 오지? 어제 분명 오늘은 일찍 온다고 했는데……."

유니는 동글이가 어제 선생님과 약속하는 말을 들었는데 또 늦는 모양이라며 걱정스럽게 말했다.

"그러게. 유니야, 우리 동글이 마중 갈까? 아마 거의 다 왔을 거야."

태양이 말에 유니는 시계를 흘끗 보았다.

아직 5분이 남았다.

"아마 학교 앞에서 꾸물꾸물 오고 있을 게 뻔해. 우리가 나가서 얼른 데려오자."

태양이의 재촉에 유니도 서둘러 교실을 나왔다.

붕, 붕.

밖으로 나오자마자, 머리 위로 벌이 날아들었다.

"엄마야! 뭐야, 집에 벌써 갔을 거라며?"

유니가 고개를 움츠리며 태양이에게 핀잔했다.

"어? 무슨 소리 들리지 않았어?"

"무슨 소리긴! 벌이 쫓아오는 소리잖아?"

유니는 태양이에게 쏘아붙이며 한쪽으로 숨었다.

"아니, 잘 들어 봐. 뭐라고 하는 것 같은데……."

태양이는 무섭지도 않은지 귀를 쫑긋하고 그대로 서 있었다.

"고…… 마……."

"이거 봐, 꿀벌이 뭐라고 하는 것 같아."

"뭐? 쓸데없는 소리 말고 이리 와서 숨어."

유니는 태양이 말에 콧방귀를 뀌었다.

곤충과 함께 찾아가는 에너지 대탐험

"아니야, 잘 들어 봐. 쉿!"

태양이가 손가락을 입에 대며 조용히 하라는 신호를 보냈다.

유니는 어이가 없었지만 조용히 숨을 죽이고 귀를 쫑긋했다. 역시나 꿀벌이 윙윙거리며 머리 위를 날아다니고 있을 뿐이었다.

"고마……워."

그때, 작은 말 소리가 들리는 것 같았다.

유니와 태양이는 더욱 귀를 쫑긋하며 집중했다.

"고맙다고!"

"고맙다고?"

태양이와 유니가 동시에 말했다.

"그래. 고맙다고. 아휴, 힘들어라. 이제야 알아듣다니……."

유니와 태양이는 눈이 동그래졌다.

"꿀벌이 말을 하다니……."

더군다나 점점 크고 또렷하게 들렸다.

"애들아, 이제 내 말이 잘 들리니?"

태양이와 유니는 어리둥절한 표정으로 서 있었다.

"난 아까부터 말하고 있었어. 너희들이 듣질 않았기 때문에 안 들린 거지."

"정말이요?"

"그래, 너희들이 나를 구해 줘서 고맙다는 말하려고 기다렸어. 아깐 얼마나 놀랐던지……."

꿀벌 아주머니는 앞치마로 눈물을 닦으며 말했다.

"그런데 어쩌다가 길을 잃으신 거예요?"

유니가 조심스럽게 물었다.

"아침 일찍 꿀 찾으려고 이리저리 날고 있었어."

꿀벌 아주머니는 아침에 일어난 일을 떠올리며 말했다.

"그런데 너희 교실에서 향기로운 꽃향기가 나더라고."

"아, 맞다. 우리 교실에 방울토마토 꽃이 피었지. 꽃향기를 맡고 무작정 들어오셨다가 길을 잃어버리신 거군요."

태양이가 말했다.

"아니, 나는 길을 갈 때 항상 표시를 하거든. 그래야 돌아올 때 집을 찾아올 수 있어. 무작정 갔다가는 집으로 돌아갈 수가 없잖아."

"길을 표시하셨는데 어쩌다가?"

유니의 물음이 끝나기도 전에 꿀벌 아주머니는 한숨을 내쉬며 말했다.

"꽃에 앉아서 정신없이 꿀을 모으고 집으로 돌아가려는데, 글쎄 내가 표시해 둔 길이 어떻게 된 건지 뭔가에 막혀 버렸지 뭐야."

꿀벌 아주머니는 아직도 놀란 마음이 가시지 않았는지 가슴을 쓸어내리며 말을 이었다.

"웬일인지 글쎄 내 길이 보이기는 하는데 가려고 하면 뭔가에 쿵

곤충과 함께 찾아가는 에너지 대탐험

하고 부딪히면서 앞으로 나아갈 수 없었어. 귀신에 홀린 것도 아니고. 너무 당황해서 다른 길을 찾느라 이리저리 허둥지둥하는데, 너희들은 왜 이리 소리를 지르고 난리니?"

태양이는 미안한지 머리를 긁적였다.

"내가 더 놀래서 까무러질 뻔 했어. 길은 안 보이지, 아이들은 소리 지르지, 정말 정신이 하나도 없었단다."

꿀벌 아주머니의 떨리는 목소리를 들으니 얼마나 놀랐는지 짐작이 갔다.

"아! 유리창."

태양이는 문득 떠오르는 것이 있었다.

"아까 소연이가 시끄럽다고 창문을 닫았는데 그것 때문에?"

유니도 이제야 왜 꿀벌 아주머니가 교실에서 길을 잃으셨는지 이해가 됐다.

"그런데, 너희들 아까 정말 내 목소리 못 들었니? 내가 얼마나 살려 달라고 소리쳤는데! 살려만 주면 소원도 들어준다고 막 소리쳤잖아."

꿀벌 아주머니는 고개를 갸우뚱하며 두 친구를 쳐다보았다.

"난 유니가 내 목소리를 듣고 길을 열어 준 줄 알았지. 그래서 소원 들어주려고 기다렸어. 유니가 창문을 열어 줘서 다시 길을 찾을 수 있었거든."

꿀벌 아주머니 말에 태양이가 얼른 끼어들었다.

"저 죄송한데요, 저도 교실 불을 꺼서 아주머니가 밖으로 난 길을 잘 볼 수 있도록 도와드렸는데요?"

"그랬구나. 맞다. 갑자기 길이 훤하게 보이더니만 네 덕분이었구나. 고마워."

꿀벌 아주머니는 유니와 태양이를 번갈아보며 환하게 미소 지었다.

"죄송해요. 아까 교실에서는 꿀벌 아주머니 소리를 못 들었어요. 아마 아이들 비명 소리가 커서 그랬나 봐요."

유니는 꿀벌 아주머니가 얼마나 살려 달라고 소리쳤을지 생각하니 죄송한 마음이 들었다.

"괜찮아. 어쨌거나 날 구해 주었잖니. 우리 말이 알아듣기는 무척 어렵거든. 하지만 처음 듣기가 어렵지 일단 듣는 마음이 열리면 그때부터는 아주 잘 들리지. 어때? 지금 내 말 잘 들리지?"

"네!"

유니와 태양이가 동시에 대답했다.

"그런데 유니야, 아까 너희들 무슨 걱정하고 있던데 내가 도와주면 어떨까?"

"아, 사실은 우리 친구 동글이가 아직 학교에 안 와서 걱정이에요. 지금 막 찾으러 가려던 참이었거든요."

2. 길을 잃어버린 벌

"음, 혹시 동그란 안경 쓰고 학교 늦게 오는 애?"

"어? 맞아요. 어떻게 아세요?"

"내가 학교 주변에서 자주 꽃을 찾거든. 그때마다 그 애를 만났어. 그 애도 꽃을 자주 찾던데? 아니지, 꽃뿐만이 아니라 학교 오는 길에 만나는 고양이, 오리, 개미와 노느라 다른 아이들이 교실에 다 들어갔는데도 갈 생각을 하지 않더라고. 그런데 꼭 나만 보면 막 뛰어서 도망가. 난 아무것도 안 했는데……"

꿀벌 아주머니는 기분 나쁘다는 듯이 말했다.

"맞아요. 그 친구가 우리가 찾는 동글이에요. 혹시 오늘은 어디서 못 보셨어요?"

유니는 꿀벌 아주머니가 본 애가 동글이가 확실하다고 생각했다.

"봤지."

"언제? 어디서요?"

꿀벌 아주머니는 잠시 뜸을 들였다.

"꿀벌 아주머니, 동글이가 겁이 많아서 그래요. 꿀벌 아주머니를 잘 모르니까 겉모습만 보고 무서워서 그랬을 거예요. 절대 꿀벌 아주머니가 싫어서 그런 건 아닐 거예요."

유니의 말에 태양이도 얼른 거들었다.

"맞아요, 제가 만나면 소개시켜 드릴게요."

유니와 태양이의 말에 꿀벌 아주머니는 마지못해 천천히 알려 주었다.

"음……. 사실은 아침에 여기서 봤어."

"여기서요?"

"응. 분명해. 내가 학교 주변에서 꽃을 찾고 있었거든. 오늘은 감
자밭에 감자꽃이 하얗게 피어서 첫 번째로 곧장 날아왔지. 꽤 이른
아침인데 동글이가 감자밭에 물을 주고 있더라고. 나를 보면 또 소
리 지르며 뛰어갈까 봐 멀리서 동글이가 가기만 기다리고 있었지."

"그래서요?"

유니와 태양이가 숨죽여 꿀벌 아주머니의 이야기에 귀를 기울
였다.

"그런데 몇 번 물을 주더니 털썩 주저앉더라고. 이제 가려나 싶어서 살짝 가까이 가는데 동글이가 깜짝 놀라는 거야. 내가 더 깜짝 놀랐다니까."

꿀벌 아주머니는 앞치마를 툭툭 치며 계속 말했다.

"나를 봤나 싶어서 흠칫 놀라 풀숲에 가만히 숨어서 살펴봤어. 그랬더니!"

"그런데요?"

태양이는 못 참겠다는 듯 물었다.

"글쎄 땅바닥하고 말을 하는 거야."

"땅바닥하고요?"

"응. 뭔가 궁금해서 아주 조용히 다가갔지. 그랬더니."

"그랬더니?"

이번엔 유니가 물었다.

"글쎄 개미랑 말을 하더라고."

"개미랑요?"

유니와 태양이도 깜짝 놀랐다.

"개미도 꿀벌 아주머니처럼 우리랑 말할 수 있는 거예요?"

"그럼. 동글이가 개미를 걱정하는 마음이 있었다면 새로운 귀가 열리는 거지. 어쨌든 동글이는 개미랑 한참 이야기를 나누더니 개미를 따라가더라고."

"개미를 따라?"

"어디로?"

"그건······."

꿀벌 아주머니는 잠시 머뭇거렸다.

"개미를 따라 저쪽 모퉁이로 갔는데······."

"저쪽이요?"

"응, 저쪽으로 가는 것까지 봤어. 그리고는 나도 잘 몰라. 엄청 바쁜 몸이거든."

꿀벌 아주머니는 다시 한번 앞치마를 탁탁 쳐서 주름을 펴며 말했다.

2. 길을 잃어버린 벌

"동글이가 개미를 따라가는 걸 보고 있는데 마침 바람이 불어오더라고. 향긋한 감자꽃 향기가 실려 오는 바람에 정신없이 꿀을 땄어. 그리고 다음으로 너희 교실로 간 거고."

"안 되겠어. 태양아, 동글이를 얼른 찾아보자. 나는 여기 보도블록을 찾아볼게. 너는 운동장을 찾아봐."

"뭐야……. 난 너무 넓은걸?"

태양이는 더 넓은 곳을 찾아다녀야 한다는 유니의 말에 심술이 났다.

"아니야. 여기 보도블록도 운동장만큼 넓다고."

"아니! 운동장이 훨씬 넓어."

"그럼 비교해 볼까?"

곤충과 함께 찾아가는 에너지 대탐험

"어떻게?"

"보도블록이 정사각형으로 깔려있으니까 일단 그걸 세어 보자. 가로가 10cm, 세로가 10cm니까 몇 개 있는지 세면 돼."

"가로에 다섯 개, 세로에 일곱 개, 총 서른다섯 개야. 보도블록 하나가 100cm²이니까 총 넓이는 3,500cm²이네! 그럼, 운동장은?"

태양이는 유니 말이 아직 이해되지 않았다.

"똑같은 크기의 보도블록을 단위넓이로 생각해서 운동장에 바닥에 놓고 세어 보면 되지."

보도블록 1개의 넓이: 10cm×10cm=100cm²

단위넓이: 100cm²

"이렇게 보도블록을 운동장 가로로 놓아 보고, 세로로 놓아 본 다음, 가로와 세로의 개수를 곱하면 운동장 넓이와 보도블록의 넓이를 비교할 수가 있다고."

"아, **넓이를 비교할 때는 단위넓이가 필요하구나.**"

"응, 맞아. 우리는 보통 **가로와 세로가 1cm인 단위넓이 1cm² 또는 가로와 세로가 1m인 단위넓이 1m²를 약속하고, 이걸 이용해서 넓이를 비교해.** 그래야 공평하고 정확하잖아."

"유니야, 그런데 운동장은 보도블록처럼 사각형이 아니라 삐죽

튀어나온 부분이 있잖아. 이렇게 불규칙한 모양의 넓이는 어떻게
구하니?"

"음, 좋은 질문이야. 그것도 단위넓이만 알면 쉽게 구할 수 있지.
잘 봐."

유니는 그림을 그려 가며 설명했다.

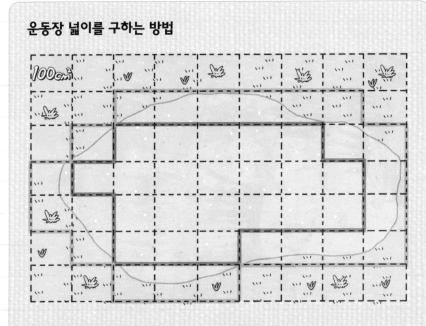

운동장 넓이를 구하는 방법

운동장 밖에 있는 선을 따라 그린 모양의 넓이: 100cm²×43개＝4,300cm²
운동장 안에 있는 선을 따라 그린 모양의 넓이: 100cm²×21개＝2,100cm²

따라서 운동장의 넓이는 2,100cm²보다 넓고 4,300cm²보다 좁다.

곤충과 함께 찾아가는 에너지 대탐험

"아하! 그런 방법이 있었네. 아무튼 단위넓이가 기준이 되는구나."

태양이는 유니가 계산해 준 덕분에 운동장이 그리 넓지 않다는 것을 알게 돼 기분이 풀렸다.

"나는 우리 동네를 날아다니면서 찾아볼게. 그럼, 얼마나 넓게 찾아보면 되니?"

꿀벌 아주머니는 유니가 넓이에 대해 말하는 걸 들으며 신기한 듯 물었다.

"꿀벌 아주머니는 높이 나니까 넓은 곳을 찾을 수 있을 거예요. 그러면 가로와 세로가 1cm인 단위넓이 cm²보다 훨씬 큰 가로와 세로가 1m인 단위넓이 m²로 계산을 해야 할 거예요."

"그렇구나, 그래도 우리 동네를 단위넓이 m²로 덮으려면 엄청 힘들겠는걸."

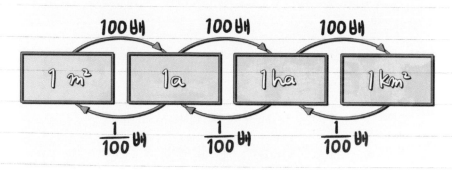

넓이 단위 사이의 관계

2. 길을 잃어버린 벌

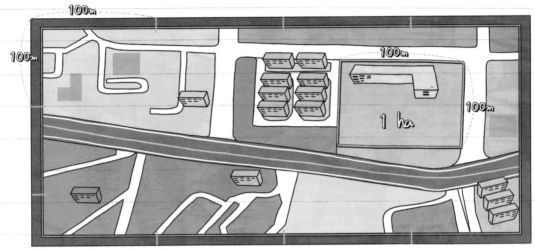

넓은 곳을 표현할 때는 더 큰 단위넓이가 필요하다

"그래서 더 큰 단위가 필요한 거죠."

"혹시 모르니까 새에게도 부탁해 볼까? 새는 더 넓고 멀리 날 수 있잖아."

꿀벌 아주머니가 높이 지나가는 새를 보며 말했다.

"맞아, 새는 우리 지역을 한꺼번에 볼 수 있을 거예요."

"우리 지역은 또 얼마나 넓을까? 우리 지역을 모두 덮을 수 있는 더 큰 단위가 필요하겠는걸?"

"그러면 가로와 세로가 1m인 단위넓이 m^2보다 훨씬 큰 가로와 세로가 1km인 단위넓이 km^2로 계산을 해야 할 거예요."

유니와 태양이, 꿀벌 아주머니가 열심히 찾아다녔지만 동글이는

곤충과 함께 찾아가는 에너지 대탐험

보이지 않았다.

"얘들아, 오늘은 그만 찾고 내일 다시 찾아보자."

"동글이는 도대체 어디로 간 거지?"

유니는 개미를 따라갔다는 말에 동글이가 걱정됐다.

"꿀벌 아주머니, 내일도 도와주실 거죠?"

"응, 그럴게. 걱정 마! 찾을 수 있을 거야. 내일 보자."

넓이의 단위

m²: 한 변이 1m인 정사각형의 넓이를 1m²라고 한다.

a: 한 변이 10m인 정사각형의 넓이를 1a라고 한다.

ha: 한 변이 100m인 정사각형의 넓이를 1ha라고 한다.

km²: 한 변이 1km인 정사각형의 넓이를 1km²라고 한다.

우리는 넓이의 크기에 따라서 단위를 다르게 사용한다. 다음 중 넓이의 단위가 아닌 것은?

① cm²　　　② m²　　　③ a　　　④ b

2. 길을 잃어버린 벌

운동에너지

운동에너지는 운동하고 있는 물체가 갖는 에너지를 말합니다. 예를 들어 여러분이 자전거를 타려 할 때 정지한 자전거를 움직이도록 하는데 필요한 에너지를 말하죠. 바람이 불어 프로펠러가 회전하면서 전기가 생산되는 풍력발전은 운동에너지를 이용한 발전 시설이라고 할 수 있습니다.

이러한 운동에너지를 생활에서 효과적으로 사용할 수 있는 창의적인 발명품을 만들어 볼까요? 먼저 '압전소자를 이용해 운동장에 불 켜기'입니다. 압전소자는 누르면 전기가 생산되는 전기 부품인데요. 운동장 바닥에 압전소자를 설치하면 위에서 누르는 대로 전기가 만들어지는 시스템입니다. 이렇게 운동장에서 즐겁게 뛰어놀면서 전

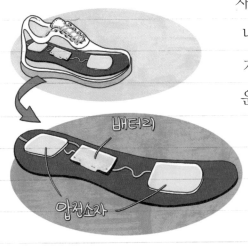

배터리

압전소자

기를 생산한다면 얼마나 좋을까요? 또한 같은 원리로 운동화에 압전소자를 설치할 수도 있죠. 운동에너지를 통해서 전기를 생산할 수 있는 일석이조의 아이디어입니다.

3장
지렁이 구출 작전

"저기 봐!"

동글이 찾기를 포기하고 교실로 들어가려는데 태양이가 뭔가를 발견했다.

"뭔데? 찾았어?"

유니도 깜짝 놀라 태양이가 가리키는 쪽을 바라보았다.

뭔가 까만 것이 움직이고 있었다.

"개미 아닐까?"

"그래, 얼른 가 보자."

태양이와 유니는 한걸음에 달려갔다.

"어? 지렁이잖아."

태양이는 실망스러운 표정으로 유니를 쳐다보았다.

"그러게. 어휴, 오늘따라 개미가 한 마리도 보이질 않네."

유니도 실망했다.

그런데 가만히 보니 지렁이가 이리저리 몸을 꿈틀거리고 있었다.

"어디 아픈가?"

태양이가 몸을 숙여 지렁이를 자세히 들여다보는데 갑자기 지렁이가 소리쳤다.

"도와줘!"

태양이는 깜짝 놀랐다.

"뭐야, 이번엔 지렁이가 말을 하네."

"왜?"

유니도 지렁이에 얼굴을 가까이 대고 살펴보았다.

"도와줘!"

태양이와 유니는 서로 마주 보았다.

"지렁이가 도와 달라는 거 맞지?"

유니와 태양이가 주춤하며 서 있자 지렁이가 더 큰 소리로 외쳤다.

"애들아, 그렇게 가만히 서 있지만 말고 나 좀 도와줘."

"그래, 알았어. 우리가 어떻게 하면 좋겠니?"

유니가 물었다.

"일단 나한테 물 좀 살살 뿌려 줘. 나 지금 말라 죽을 것 같아. 흑

흑."

　지렁이의 부탁에 태양이가 얼른 달려가 두 손 가득 물을 담아 왔다. 태양이는 조심스레 지렁이 주변으로 물을 뿌려 주었다.

　"휴, 이제야 살 것 같다."

　지렁이는 바닥에 뿌려진 물을 몸에 묻히며 안도의 숨을 내쉬었다.

　"부탁 한 가지만 더 해도 될까?"

　"물론이야. 물을 더 가져다줄까?"

　"아니, 나를 저쪽 화단 안으로 데려다줄래? 나 혼자 가다가는 도착하기 전에 햇볕에 말라 죽을 것 같아. 지금처럼 말이야."

　지렁이는 몸을 꿈틀거리며 말했다.

곤충과 함께 찾아가는 에너지 대탐험

"그 정도쯤이야."

태양이는 지렁이를 살짝 들어 화단에 내려 주었다.

"휴, 살았다."

지렁이는 몸을 쭉 펴며 말했다.

"고마워, 너희들 덕분에 살았어."

"천만에, 네 말을 들을 수 있어서 다행이었어."

유니는 꿀벌 아주머니에 이어 지렁이의 말까지 들리다니 믿기지 않았다.

"난 꿈틀이야."

"아, 꿈틀꿈틀해서 꿈틀이? 하하하."

태양이가 몸을 앞뒤로 꿈틀꿈틀하며 흉내를 냈다.

"난 유니, 얘는 태양이야."

"뭐? 태양이라고? 으으, 난 태양이 너무 뜨거워서 무서운데."

"걱정 마, 나는 뜨겁진 않다고."

"꿈틀아, 그런데 왜 집에서 나와 여기에 있게 된 거야?"

유니가 물었다.

"어젯밤에 비가 왔잖아. 그래서 우리 집이 물에 잠겼어. 물에 빠져 죽게 생겼으니 얼른 나왔지. 새로운 집을 찾으려고 이렇게 다니다가 여기까지 나오게 됐어."

"그랬구나."

"내가 집을 찾는 동안 어느새 해가 쨍쨍 비치는 바람에 말라 죽을
것 같았지. 그때 마침 너희들이 나를 발견한 거고."

"정말 다행이다. 큰일 날 뻔했어."

"참, 너희들 동글이라는 친구를 찾고 있지?"

"어, 어떻게 알아?"

"아까 꿀벌 아주머니가 와서 나한테도 물어보시더라."

"응. 개미를 따라갔다는데 아무리 찾아봐도 보이지를 않아."

태양이가 화단을 살펴보며 말했다.

"내가 너희를 돕고 싶어. 아까는 몸이 말라서 죽을 지경이라 말을
못 했는데 사실 나 생각나는 게 있어."

"뭔데?"

유니와 태양이가 눈을 동그랗게 뜨고 물었다.

"내가 물이 찬 집에서 간신히 빠져나오는데 개미들이 자기들 집으로 들어가더라고. 그런가 보다 했지. 그런데 뒤쪽에서 개미들의 움직임과는 전혀 다른 움직임이 크게 느껴졌어. 보통 먹이는 죽인 상태로 데려가기 때문에 움직임이 없는데 죽은 건 아니었어."

"뭐? 먹이?"

유니는 덜컥 겁이 났다.

혹시 개미들이 동글이를 먹잇감으로 데리고 간 건 아닐까 걱정됐다.

"에이, 설마. 우리 동글이가 얼마나 큰데 개미들의 먹이라니? 또 그 큰 덩치로 어떻게 개미굴로 들어가니? 말도 안 돼."

태양이는 동글이가 개미들의 먹잇감이 될 리는 없다고 생각했다.

"아니, 그건 너희들이 개미를 잘 몰라서 그러는 거야. 개미들은 수십 마리가 떼로 모여서 자신들보다 몇백 배 큰 동물도 순식간에 먹잇감으로 만들어 버린다니까."

꿈틀이의 말에 유니는 소스라치게 놀랐다. 실제로 책에서 본 기억이 났기 때문이었다.

"꿈틀아, 동글이가 개미집으로 들어갔다면 우리도 들어갈 수 있지 않을까?"

몸집보다 큰 먹이를 옮기고 있는 개미들

태양이는 꿈틀이 말이 맞는다면 얼른 개미집을 찾아서 동글이를 구해야겠다고 생각했다.

"음. 그건 너희들 마음이 얼마나 간절하냐에 달린 거지. 아까 내가 간절한 마음으로 너희에게 도와 달라고 소리친 것처럼."

"맞아, 꿀벌과 지렁이 말을 들을 거라고는 꿈에도 생각 못 했어."

유니가 고개를 끄덕이며 말했다.

"그런데 굴로 들어가는 것은 듣는 것보다는 훨씬 어렵지. 그러려면 한 가지 더! 너희들이 내 말에 진심으로 귀를 기울여 준 것처럼 진심으로 할 수 있다고 믿어야 해. 그러면 너희들도 충분히 개미굴로 들어갈 수 있을 거야."

곤충과 함께 찾아가는 에너지 대탐험

"정말 그럴까? 동글이는 정말 땅속 세상으로 간 걸까?"

유니는 조금 망설여졌지만 동글이를 구할 수 있는 방법은 그것밖에 없었다.

"할 수 있어. 유니야, 동글이가 갔다면 우리도 갈 수 있을 거야. 우리 동글이를 구하러 가자!"

태양이는 주먹을 쥐고 당당하게 말했다.

"그래, 이제 나를 따라 땅속 세상으로 가 볼래?"

꿈틀이는 따라와 보라는 듯 몸을 꿈틀거리며 움직였다.

유니와 태양이는 꿈틀이를 따라 천천히 땅 위로 난 구멍 쪽으로 걸어갔다.

작은 구멍이 점점 다가오는가 싶더니 갑자기 세상이 어두워졌다.

"엄마야, 너무 깜깜해."

"도대체 여기가 어디야?"

"어디긴, 바로 땅속 세상이지."

어느새 유니와 태양이는 땅속 세상에 들어와 있었다.

"정말?"

"너무 깜깜해서 아무것도 보이지 않는데?"

유니와 태양이는 서로 손을 잡고 덜덜 떨었다.

"걱정 마. 곧 어둠에 익숙해져서 앞이 보일 거야."

꿈틀이가 앞장서며 말했다.

73

"아야!"

태양이와 꿈틀이가 동시에 비명을 질렀다.

"왜? 무슨 일이야?"

"뭘 밟고 미끄러졌어."

태양이가 일어나며 말했다.

"누가 내 꼬리를 밟았어? 아유, 아파라."

"미안, 미안, 내가 실수로 밟았나 봐. 조심할게."

태양이가 꿈틀이에게 사과했다.

"아, 태양이가 꿈틀이 꼬리를 밟고 미끄러졌구나. 앞이 잘 보이지
않으니 우리 서로 조심해야겠다."

잠시 후 깜깜했던 주변이 어렴풋이 밝아
졌다.

"이제 조금씩 보이는데?"

"그러게, 이제 조금씩 보여.
휴, 다행이다. 앞이 안 보이니
너무 무서웠어."

유니가 눈을 깜박이며 말했다.

"난 눈이 없어도 잘 다니는
데. 킥킥."

꿈틀이가 웃으며 말했다.

암순응

밝은 곳에서 어두운 곳으로 들어갔을 때 처음에는 아무것도 안 보이다가 차차 보이게 되는 현상을 '암순응'이라고 한다.

우리 눈은 주변 환경에 따라 빛이 들어오는 정도를 조절하는 기능이 있는데 갑작스럽게 환경이 바뀌면 조절을 위해 약간의 시간이 필요하다. 이 때문에 암순응이 일어나는 것이다.

"뭐, 눈이 없다고?"

태양이가 놀라 꿈틀이를 여기저기 살펴보았다. 정말 눈이 보이지 않았다.

"그럼 소리를 듣고 다니는 거야?"

"아니, 나는 귀도 없어."

태양이는 꿈틀이에게 눈과 귀가 없다는 말에 다시 한번 놀랐다.

"그럼 어떻게 다녀?"

"나는 살갗으로 보고 들어."

"피부로 보고 듣는다고!"

"그래, 우리 지렁이들은 살갗에 보고 들을 수 있는 감각 세포가 있어서 눈과 귀가 없어도 땅속에서 자유자재로 다닐 수 있어."

"우와, 신기하다."

태양이가 꿈틀이를 쓰다듬으며 말했다.

다양한 역할을 하는 지렁이 피부

지렁이는 살갗에 보고 들을 수 있는 감각 세포가 있다. 또 지렁이는 피부로 호흡을 하는데 피부가 마르면 숨을 쉴 수 없게 된다. 이 때문에 지렁이 피부는 항상 미끈미끈한 점액을 만들어 내며 피부를 촉촉하게 유지한다.

"그런데 네 피부는 왜 미끌미끌한 거야?"

"그건, 내 몸속에서 끈끈한 물이 살갗으로 나오거든. 그래야 지렁이들은 살갗으로 숨을 쉴 수가 있어."

"아, 숨도 피부로 쉬는구나."

태양이는 지렁이의 피부가 많은 역할을 하는 것이 놀라웠다.

"그래서 땅속에서 나오면 햇볕 때문에 피부의 물이 말라 숨을 쉴 수 없게 돼."

꿈틀이는 햇볕 아래서 힘들었던 기억을 떠올리며 말했다.

곤충과 함께 찾아가는 에너지 대탐험

꿈틀이와 유니, 태양이는 땅속 구경을 하며 깊이 내려갔다.

"땅속이 생각보다 아늑하다."

유니가 말했다.

"밖은 더운데 여긴 시원하네."

태양이도 시원한 기운을 느끼며 말했다.

"응. 내가 사는 집은 땅속에 있어서 여름에는 시원하고, 겨울에는
따뜻해서 좋아."

꿈틀이가 자기 집을 소개했다.

"맞다. 우리 할머니네 집에 가면 땅굴이 있는데 여름에 거길 가면

정말 시원해. 에어컨이 따로 필요 없다니까. 할머니네는 냉장고도 없어. 거기에다가 수박도 놓고, 김치도 놓고 하시거든."

"와, 부럽다. 우리 엄마는 전기료 걱정 때문에 에어컨 자주 못 틀게 하시는데. 만약 땅속에 집을 지으면 저절로 에어컨도 되고, 냉장고도 되는 거 아냐. 전기료 걱정은 안 해도 되겠네."

태양이는 땅속에도 좋은 점이 많다는 걸 새삼 깨달았다.

"에어컨? 냉장고? 전기료? 그게 다 뭐야?"

유니와 태양이의 이야기에 꿈틀이가 물었다.

"응. 땅속은 온도가 일정해서 여름에는 시원하고 겨울에는 따뜻하지만, 우리가 사는 집은 전기를 이용해서 여름에는 시원하게 겨울에는 따뜻하게 만들어. 그 밖에도 전기를 이용해서 많은 것을 할 수 있어."

"아, 전기라는 게 마법 같은 거구나."

꿈틀이는 자세히는 알지 못했으나 전기만 있으면 뭐든지 이루어진다는 말이 놀라웠다.

"맞아, 전기는 마법사야."

"우리가 쓰는 전기는 물이 떨어지는 힘으로 발전하는 수력발전, 석탄을 태워 발전하는 화력발전, 태양 빛으로 발전하는 태양광발전, 우라늄 연료로 핵분열을 일으키는 원자력발전 등에서 얻을 수 있어."

에너지 발전별 장단점

종류	화력발전	수력발전	원자력발전
장점	장소 제약이 적고, 빠르게 발전소를 지을 수 있다.	연료 공급이 필요하지 않다. 물을 이용하기 때문에 친환경적이다.	화력 발전에 비해 연료비가 저렴하고, 매연이 배출되지 않는다.
단점	연료가 비싸다. 매연이 배출되기 때문에 환경을 오염시킨다.	설치 지역이 한정적이다. 댐이 강의 생태계를 파괴한다.	발전소 건설 비용이 높다. 발전 과정에서 방사능 폐기물이 생긴다.

"전기를 만드는 방법이 많구나."

"응, 사람들이 많이 사용하니까 발전 시설도 많은 거야."

"전기는 주로 공장, 가정집, 사무실 등에서 사용해."

"문제는 편리하게 전기에너지를 사용하는 만큼 환경오염이 늘어나고 있다는 점이야."

"어떤 오염이 있는데?"

꿈틀이가 물었다.

"화력발전은 석탄을 태워 얻은 에너지로 물을 끓여 증기를 만들고 발전기 터빈을 돌리거든. 이 때문에 발전 과정에서 매연이 많이 발생해."

79

"원자력발전은 원자로에서 방사능이나 방사선이 나오지 않도록 특히 주의를 기울여야 해."

"전기는 편리한 만큼 아껴 쓰고 환경오염으로 이어지지 않도록 해야 하는구나."

꿈틀이는 친구들과 함께 개미굴을 찾아 좀 더 깊이 들어갔다.

"휴, 아직도 멀었어? 답답해서 걷기가 힘들어."

"조금만 더 힘내. 거의 다 왔어."

"아휴, 숨 차라. 더 이상은 못 걷겠다."

태양이는 숨을 헐떡이며 말했다.

곤충과 함께 찾아가는 에너지 대탐험

"좀 빨리 가면 어떨까?"

유니가 걸음을 재촉했다.

"미안, 난 지금 굉장히 속력을 내고 있어."

꿈틀이가 뒤를 돌아보며 말했다.

"뭐? 속력을 내고 있다고?"

태양이는 콧방귀를 뀌며 대꾸했다.

"속력 하면 나지. 몸이 작아진 걸 감안하면 음, 10m 정도는 25초에 갈 수 있어."

"그게, 얼마나 빠른 건데?"

꿈틀이의 갑작스러운 질문에 태양이는 움찔했다.

"자, 그러면 꿈틀이와 태양이의 속력을 비교해 보면 되잖아."

유니가 간단하다는 듯 말했다.

"꿈틀아, 너는 얼마의 거리를 얼마 동안 갈 수 있니?"

속력을 구하는 방법

속력＝간 거리 ÷ 걸린 시간

1시간, 1분, 1초 동안에 가는 평균 거리를 각각 시속, 분속, 초속이라고 한다.

태양이가 10m를 달릴 때 속력: 1,000cm÷25초＝40cm/초

꿈틀이가 10cm를 달릴 때 속력: 10cm÷1초＝10cm/초

"음…… 나는 10cm를 1초에 갈 수 있어."

"좋아. 그럼 내가 계산해 볼게."

유니는 눈을 굴리며 암산했다.

"어머나, 태양아, 네가 꿈틀이보다 그렇게 빠르지 않은데?"

"뭐야, 말도 안 돼. 얼른 자세히 말해 봐."

"응, 꿈틀이는 1초에 10cm를 가는 속력, 즉 10cm/초이고, 태양이는 1초에 40cm를 가는 속력, 즉 1초에 40cm를 가는 속력이야."

유니가 자세히 설명해 주었다.

"그러니까 꿈틀이보다 30cm 정도 빠르네."

곤충과 함께 찾아가는 에너지 대탐험

태양이는 자기가 꿈틀이보다 엄청 빠를 것이라고 생각했는데 막상 계산해 보니 그리 빠르지 않다는 것을 알고 놀라웠디.

"난 꿈틀이가 엄청 느리다고 생각했는데 속력으로 계산하니 퍽 빠른 편이네."

유니는 꿈틀이에게 엄지를 들어 보이며 말했다.

평소 느리게만 보이던 지렁이가 이렇게 빨리 움직이다니 꿈틀이가 새삼 멋지게 보였다.

"그러니까 너무 재촉하지 마. 난 초속 10cm를 달리고 있다고!"

"꿈틀아, 너는 팔다리도 없는데 어떻게 빨리 갈 수 있는 거야?"

유니는 지렁이가 어떻게 움직이는지 궁금했다.

★ **강모**
뻣뻣하고 억센 털.
지렁이나 거미에게서 주로 볼 수 있다.

"응, 그건. 내 몸에는 ★강모라는 뻣뻣한 털이 나 있거든. **몸이 길게 늘어났다가 오므라들 때 뻣뻣한 털이 미끄러지지 않게 도와줘.** 그래서 앞으로 나갈 수 있는 거야."

"와, 대단하다. 뻣뻣한 털? 신기한 털이네? 우리도 발바닥에 뻣뻣한 털이 있으면 더 빨리 뛰어갈 텐데."

태양이 말에 유니는 털이 난 발을 상상하다가 웃음이 났다.

지렁이를 따라 한참을 가다 보니 한쪽으로 작은 구멍이 보였다.

"자, 이쪽 길이 개미네로 가는 길이야."

꿈틀이가 멈춰 서서 말했다.

"난 우리 집을 저쪽으로 새로 만들 거야. 개미네 근처에 가면 너무 시끄럽거든."

꿈틀이는 벌써 방향을 바꿔 나아가며 말했다.

"그럼, 친구를 꼭 찾길 바라. 안녕."

"안녕. 좋은 집 구하길 바라."

꿈틀이는 빠른 속력으로 새집을 향해 떠나갔다.

"어쩌지?"

유니와 태양이는 개미굴 앞에서 망설이고 있었다.

그때 개미 한 마리가 고개를 쏙 내밀었다.

"누구세요?"

놀란 유니가 뒤로 물러서며 우물쭈물 말했다.

"저 혹시 동글이라고 저희 친구를 찾고 있는데요?"

"동글이?"

"네, 저희랑 비슷하게 생겼는데요, 이곳으로 들어갔다는데……."

"아, 그 녀석 돌아갔는데?"

"네? 언제요?"

태양이가 다급하게 물었다.

"금방."

병정개미 아저씨의 말에 유니는 어쩔 줄 몰라 하며 금방이라도 울음을 터뜨릴 듯했다.

"어, 이, 울지 마. 내가 데려다줄게."

"정말요?"

유니는 글썽이던 눈물을 닦으며 팔짝팔짝 뛰었다.

"내가 여기 땅속 길은 모두 알고 있으니 지름길로 가면 금방 만날 수 있을 거란다."

"야호! 아저씨 얼른 가요."

유니와 태양이는 병정개미 아저씨를 따라 땅 위로 올라갔다.

 비가 올 때 지렁이가 밖으로 나오는 이유는 무엇일까?

3. 지렁이 구출 작전

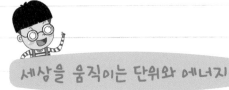

세상을 움직이는 단위와 에너지

온도와 열

온도는 따뜻함과 차가움의 정도를 나타내는 수치를 말합니다. 일 반적으로 사용하는 온도의 단위는 섭씨온도(℃), 화씨온도(℉), 절대 온도(K) 등을 사용합니다.

차고 따뜻한 정도를 나타내는 것이 온도라면 열은 에너지의 한 종 류라고 할 수 있습니다. 열은 한 곳에 머물러 있지 않고 계속 움직 이는데요. 뜨거운 곳에서 차가운 곳으로 이동하면서 온도를 변화시 킵니다.

지열 에너지

아이슬란드의 지열발전소

지열 에너지는 화산활동이 많은 지역에서 끊임없이 밖으 로 방출되는 열을 에너지원으 로 이용하는 것입니다. 1900년 대 이탈리아에서 처음으로 지 열발전을 시작해 일본, 미국 등

곤충과 함께 찾아가는 에너지 대탐험

여러 나라에서 지열발전을 이용하고 있습니다. 하지만 우리나라는 지열발전을 충분히 가동할 만한 징소가 없는 실정입니다. 꾸준히 터빈을 돌릴 만한 높은 온도의 열이 발생하는 곳이 없다는 얘기입니다.

지열 에너지는 다른 발전소처럼 연료를 연소하는 방식이 아니기 때문에 환경오염이 거의 없다는 장점이 있습니다. 단점으로는 지열발전을 할 수 있는 지형이 제한적이고 지열이 식으면 발전이 불가능하다는 것입니다.

4장

쇠똥구리의 초대

"동글아!"

"얘들아!"

동글이는 자신을 부르는 유니와 태양이를 보고 깜짝 놀랐다.

"살아 있었구나!"

"너희들 여긴 어떻게 왔어?"

유니는 동글이를 찾아 나설 때부터 꿀벌 아주머니와 꿈틀이를 만나 도움을 받은 일, 병정개미 아저씨의 도움으로 간신히 동글이를 찾게 된 것까지 모두 말해 주었다.

"나를 찾으러 와 줘서 고마워, 얘들아."

"동글아, 네가 무사해서 정말 다행이야."

"네가 개미 먹이가 된 줄 알고 얼마나 걱정했다고."

"뭐라고'? 개미 먹이?"

"응, 개미들이 너를 데려갔다고 해서."

"아니야, 내가 개미집을 구경하고 싶다고 했더니 이렇게 작아져 버렸어."

"맞아, 우리도 어떤 구멍으로 들어가면서 갑자기 이렇게 작아졌 지 뭐야."

유니와 태양이, 동글이는 서로 작아진 몸을 보면서 어쩔 줄 몰라 했다.

"걱정 마, 여왕개미님이 그러는데 마음만 먹으면 언제든지 원래 대로 커질 수 있대."

"그래, 듣던 중 반가운 소리다."

태양이는 마음을 어떻게 먹는다는 것인지 몰라도 원래대로 커질 수 있다는 말에 안심이 됐다.

"얘들아, 그나저나 우리 얼른 학교로 다시 돌아가야 할 것 같은 데?"

개미집에서 나온 동글이는 길을 찾다 만난 유니와 태양이를 보고 무척 반가웠지만, 한편으로는 자신을 찾다가 작아진 친구들에게 미 안한 마음이 들었다.

"내가 얼른 길을 찾아볼게."

학교로 돌아가면 원래대로 커질 수 있을 것만 같았다.

동글이는 풀밭을 헤치며 정신없이 학교로 가는 길을 찾았다.

쿵!

"으악! 무슨 냄새야?"

동글이가 코를 잡고 소리쳤다.

"우웩, 소똥 냄새다!"

"어? 똥이 굴러왔어."

유니와 태양이는 커다란 똥 덩어리를 보고 눈이 휘둥그레졌다.

그때 똥 덩어리가 조금씩 움직이기 시작했다.

"어? 어? 똥이 움직인다."

곤충과 함께 찾아가는 에너지 대탐험

태양이가 손가락으로 똥 덩어리를 가리켰다.

"어머, 어미, 미안."

똥 덩어리 뒤에서 누군가 나왔다.

"쇠똥구리다!"

"정말 미안해요. 앞이 안 보이는 바람에 그만."

쇠똥구리 아주머니가 어쩔 줄 몰라 했다.

"죄송해요. 저도 길을 찾느라 앞을 못 봤어요."

동글이도 아주머니에게 사과했다.

"아니, 내가 더 미안해. 나는 이렇게 뒤로 소똥을 굴려서 앞을 볼 수가 없거든."

쇠똥구리 아주머니가 다시 똥을 굴리려고 뒷다리를 똥 덩어리에 올렸다.

"어떻게 앞을 보지 않고 가죠?"

"글쎄, 옛날부터 이렇게 굴리는 게 편해서……."

쇠똥구리 아주머니는 자기보다 큰 소똥을 굴리려고 애썼다.

"아이고, 처음 굴릴 때는 항상 이렇게 힘이 든다니까. 얘들아, 나 좀 도와줄래?"

셋은 냄새가 고약했지만 쇠똥구리 아주머니께서 민망해 하실까 봐 숨을 꾹 참고 곁으로 다가갔다.

"어떻게 도와드릴까요?"

"이 소똥을 조금만 밀어 줄래?"

가까이 가 보니 움푹 팬 땅에 소똥이 빠져 있었다.

"얘들아, 시작할까?"

동글이가 먼저 밀기 시작했다.

그러나 소똥은 꿈쩍도 하지 않았다.

"안 되겠어. 내가 하나, 둘, 셋 하고 외치면 동시에 힘껏 밀어 줘."

"알았어."

동글이와 유니, 태양이, 쇠똥구리 아주머니는 구령에 맞춰 힘껏
소똥을 밀었다.

"하나, 둘, 셋!"

곤충과 함께 찾아가는 에너지 대탐험

"야압!"

모두 있는 힘을 다해서 소똥을 밀었다.

데굴데굴.

드디어 움푹 파인 땅에서 똥 덩어리가 나왔다.

"고마워, 애들아! 이제 나 혼자서도 살살 굴릴 수 있단다."

쇠똥구리 아주머니는 소똥을 굴리며 인사했다.

동글이가 보기에 쇠똥구리 아주머니에 비해 소똥이 너무나 커 보였다.

"저희가 같이 굴려 드릴게요."

동글이가 옆으로 다가와 소똥을 함께 굴리며 말했다.

유니와 태양이도 주저하지 않고 소똥에 붙어 함께 밀었다.

해가 높이 떠 있어 햇볕이 따가웠다. 소똥을 굴리는 아이들 얼굴에 땀이 송송 맺혔다.

한참 소똥을 굴리던 동글이가 잠시 걸음을 멈추고 물었다.

"어디까지 가는 거예요?"

"우리 집!"

"거기가 어디인데요?"

"조금만 가면 돼. 저어기."

쇠똥구리는 고개를 돌려 자기 집을 가리켰다.

"저기 나무 있는데요?"

93

동글이가 보기에 꽤 멀어 보였다.

"얘들아, 다리 아프지? 잠시 쉬었다 가자."

"네!"

아이들이 한목소리로 대답했다.

쇠똥구리 아주머니도 뒷다리를 내려놓았다.

"얘들아, 내가 너희들 소똥 위에 태워 줄까?"

"네? 소똥 위예요?"

"그래. 나도 소똥을 굴리다가 힘들면 가끔 소똥을 타고 가기도 해. 소똥 위에 올라가 있으면 땅에 있는 것보다 시원하단다."

쇠똥구리 아주머니는 직접 소똥 위에 올라가서 아이들을 불렀다.

곤충과 함께 찾아가는 에너지 대탐험

    태양이가 용감하게 소똥 위로 오르려는 순간 소똥이 갸우뚱 움직였다.

"태양아, 안 되겠어. 소똥이 구르려고 해."

동글이가 얼른 반대편으로 뛰어가서 기우뚱하는 소똥을 막았다.

"얘들아, 그럼 한 명은 위로 올라가고 나머지는 아래에서 미는 건 어때?"

태양이가 아쉬운지 재미있는 제안을 했다.

"소똥을 타고 가자고? 편하겠는데?"

"그래? 좋아. 그럼 비행기를 타고 가는 느낌이겠는걸?"

동글이와 유니는 태양이의 제안을 흔쾌히 받아들였다.

어느새 쇠똥구리 아주머니가 땅으로 내려왔다.

"자, 모여 봐. 안 내면 술래 가위, 바위, 보!"

"야호!"

첫 번째로 태양이가 이겼다.

"앗싸, 소똥 롤러코스터 나가신다! 자, 얘들아. 어서 밀어!"

태양이는 기세등등하게 말했다.

"자, 간다. 하나, 둘, 셋!"

그런데 이게 무슨 일일까? 몇 발짝 가지 못해 소똥이 멈추었다.

"어? 얘들아, 뭐 해. 힘차게 굴려 줘."

"다시 한번! 하나, 둘, 셋!"

소똥은 한 바퀴, 두 바퀴 구르더니 또 멈추었다.

"태양아, 안 되겠어. 내려와 봐."

태양이가 실망한 얼굴로 내려왔다.

"태양아, 너 몸무게가 어떻게 돼?"

"왜?"

"소똥이 굴러가지를 않잖아."

"음…… 31.5kg."

"잠깐, 동글이하고 바꿔 보자."

태양이는 신나게 씽씽 달릴 줄 알았는데 금방 내려오게 돼 실망스

곤충과 함께 찾아가는 에너지 대탐험

무게의 단위

무게를 잴 때는 g, kg, t 등의 단위를 쓴다.
1kg＝1,000g
1t＝1,000kg＝1,000,000g

100g

10kg

25t

러웠다.

"자, 올라간다."

이번에는 동글이가 소똥 위로 올라갔다.

"난 29kg이야."

동글이는 몸무게가 조금 더 적은 자신이 올라갔으니 소똥이 아까
보다는 더 잘 굴러갈 것이라고 생각했다.

"간다! 하나, 둘, 셋."

"영차."

유니와 태양이, 쇠똥구리 아주머니가 힘차게 소똥을 굴렸다.

소똥은 이번에도 두세 바퀴 구르는가 싶더니 이내 멈춰 섰다.

"동글아, 너도 안 되겠다. 내려와 봐."

태양이가 소리쳤다.

이번에는 유니가 올라가기로 했다.

"유니는 몸무게가 가벼우니 쌩쌩 굴러가겠지?"

"유니야, 너 몇 kg이야?"

"어머, 여자의 몸무게를 묻는 건 실례야."

쇠똥구리 아주머니가 웃으며 말했다.

"네 몸무게보다 3.5kg이 적어."

유니가 살짝 힌트를 주고 소똥 위로 올라갔다.

"아, 그래?"

곤충과 함께 찾아가는 에너지 대탐험

동글이와 태양이는 머릿속으로 각자 계산했다.

'음. 좀 더 굴러가겠군.'

역시 유니가 올라가니 소똥이 훨씬 잘 굴러갔다.

그러나 소똥이 잘 굴러가는 만큼 유니도 소똥 위에서 정신없이 뛰었다.

재미있을 줄 알았던 소똥 타기는 미는 쪽도 타는 쪽도 그리 편하지 않았다.

"쇠똥구리 아주머니, 그런데 왜 이 커다란 쇠똥을 힘들게 밀고 가는 거예요?"

"왜냐면 이 소똥은 우리 음식이고 집이거든."

"뭐라고요? 음식? 집?"

"정말요?"

사람들에게 버려지는 더러운 똥이 음식과 집이 되다니 웃기기도 했지만 어쩐지 신비롭기도 했다.

"그런데 이렇게 크면 만들기도 힘들고 굴리기도 힘들잖아요."

"모르는 소리! 요즘엔 똥 구하기가 힘들어져서 똥을 발견하면 무조건 크게 만들어야 해. 우리 귀여운 애벌레들이 이 안에서 맛있는 영양식을 먹는 생각만 해도 난 하나도 안 힘들어."

쇠똥구리는 애벌레들 생각에 소똥을 더욱 힘차게 굴렸다.

"맞아, 우리 할아버지가 그러시는데 옛날에는 소를 많이 길러서

쇠똥구리가 많았대. 그리고 소똥뿐만 아니라 개똥이나 심지어는 사람 똥도 쇠똥구리가 동그랗게 만들어서 가져갔다는 거야.”

“그럼, 쇠똥구리 아주머니 덕분에 동네 길이 깨끗해졌겠네요?”

“그럼, 그럼. 근데 그것보다도 중요한 게 있어.”

“더 중요한 거요?”

“똥이 있으면 균들도 많이 생기잖아. 나쁜 균들 때문에 소 같은

곤충과 함께 찾아가는 에너지 대탐험

가축이 병이 들기도 하고. 내가 그때그때 치워 주니까 얼마나 좋아. 그러니까 내가 한때는 환경 지킴이 역할을 했었지.”

“한때는요? 지금도 하면 되잖아요.”

“요즘엔 소를 키우는 데도 별로 없고, 소가 뭘 먹었는지 소똥 속에 우리 애벌레들한테 줄 영양식이 별로 없어. 그러다 보니 우리가 살 곳이 점점 없어지고 있지.”

동글이는 환경 변화가 곤충들의 목숨까지 위협한다는 사실이 놀라웠다.

또 우리들이 살면서 무심코 만드는 환경 문제들로 가장 피해를 보는 것은 곤충들이구나 싶어 안타까웠다.

“소똥이 그렇게 좋은 거예요?”

“너희들은 냄새난다고 꺼리지만 사실 이 똥 속에는 너희들이 모르는 비밀이 있단다.”

“비밀이요?”

“응, 소똥은 우리가 먹기 딱 좋은 발효 식품이야. 소 배 속에서 완전히 소화가 돼서 나온 게 아니라 영양분이 많거든. 우리 애벌레들이 아주 좋아하는 영양식이지.”

냄새난다고 투덜대던 태양이도 귀를 쫑긋 세우고 들었다.

“이 소똥은 훌륭한 집이 되기도 해. 그 덕분에 알이 깨어 나기에 적당한 온도를 만들어 애벌레들이 살기 딱 좋은 집이 되는 거야. 소

똥은 발효가 되면서 화학작용으로 작은 열이 나거든."

"와, 전기가 없어도 집을 데울 수 있는 거네요?"

"그렇지."

"우리는 나무, 연탄, 가스, 전기로 집을 데우거든요."

동글이가 배우고 익힌 내용을 술술 풀어냈다.

"아궁이에 나뭇잎이나 나무를 잘게 잘라서 불을 피우면 돌이 데워져서 방이 따뜻해져요. 또 연탄이나 가스를 태워 물을 데운 뒤 방바닥에 더운물이 순환하게 해서 방을 따뜻하게 하는 방법도 있어요."

곤충과 함께 찾아가는 에너지 대탐험

"우리도 쇠똥구리처럼 쓰레기 태우거나 가축 분뇨를 이용해서 난방 원료로 재활용하기도 해요."

유니가 거들었다.

"요즘에는 생활 쓰레기를 태우면서 나오는 열을 지역난방으로 쓰기도 해요."

"나무와 낙엽 같은 자연 쓰레기를 ☆펠릿처럼 만들어서 난방 재료로 쓰기도 하죠."

★ 펠릿
톱밥이나 작은 나무 조각을 뭉친 알갱이. 연료로 사용한다.

태양이도 한마디 했다.

"사람들도 자연 재료를 잘 이용하는구나."

쇠똥구리 아주머니는 아이들의 말에 방긋 웃었다.

동글이는 곤충들에게도 배울 점이 많다는 생각이 들었다. 곤충들이 자연을 훼손하지 않으면서 이용하는 것처럼 우리도 자연과 공존하는 방법을 찾아야겠다고 다짐했다.

퀴즈 4

다음 중 무게의 단위가 아닌 것은?

① g   ② kg   ③ m   ④ t

조상들의 지혜가 담긴 구들장

우리나라 조상들은 대부분 온돌로 난방을 했습니다. 아궁이에 불을 지펴서 방바닥에 있는 구들장을 데워 난방을 했지요. 구들장은 주로 열을 오래 보존하는 백운모라는 돌을 사용했습니다.

다른 나라는 어떻게 난방을 했을까요? 이웃 일본의 이로리와 서양의 벽난로는 열을 직접 이용하는 난방장치를 사용합니다. 이것은 구들장과 데워 발생하는 열을 간접적으로 이용하는 우리나라의 온돌과 차이가 있어요.

온돌 장치의 장점이라면 불을 지피지 않아도 열기가 비교적 장시간 지속한다는 거예요. 하지만 구들장이 깨지면 연기가 올라와서 일산화탄소 중독을 일으킬 수 있는 위험도 있습니다.

우리나라의 온돌과 일본의 이로리, 서양의 벽난로를 비교해 보고 장단점을 찾아볼까요? 그리고 어떠한 난방을 이용하는 것이 우리 생활과 건강에 이로울지도 생각해 봅시다.

난방장치별 장단점

종류	온돌	이로리	벽난로
장점	열기가 비교적 장시간 지속 된다.	난방 외에 조리, 조명의 역할도 한다.	주변 공기를 금방 데워준다
단점	구들장이 깨지면 일산화탄소 중독을 일으킬 수 있다.	주의를 하지 않을 경우 화재가 날 위험이 있다.	연료 소모에 비해 효율이 낮다.

5장

잠자리가 부러워

셋은 다시 걸음을 재촉했다.

"학교는 언제 도착하는 걸까?"

"휴, 그러게."

"얘들아, 한숨만 쉬지 말고 힘내서 가자."

삼총사가 쇠똥구리 집을 나섰을 때 하늘은 맑고 바람도 살랑살랑

불었다.

"와, 바람이 시원하다."

태양이가 하늘을 바라보며 말했다.

그 말에 동글이와 유니도 파란 하늘을 올려다보았다.

"어? 저건 뭐지?"

곤충과 함께 찾아가는 에너지 대탐험

동글이가 하늘을 가리키며 말했다.

"뭔데?"

유니와 태양이는 동글이가 가리키는 방향을 살펴보았다.

"저기, 반짝이는 거 안 보여?"

동글이가 손을 쭉 뻗어 한쪽을 가리켰다.

기다란 나뭇가지 위에 뭔가 반짝이며 흔들리고 있었다.

"아, 보여. 뭔가 반짝거리긴 하는데 잘 안 보이네."

유니는 두 손을 모아 가지 끝을 신중하게 살피며 말했다.

그런데 옆에 있던 태양이가 보이질 않았다.

"어? 태양이는 어디 간 거지?"

동글이와 유니는 주위를 둘러봤다.

"얘들아, 내가 올라가 볼게."

태양이는 어느새 나무를 올라가고 있었다.

그때 멀리서 작은 소리가 들렸다.

"살려 줘."

나뭇가지 끝에 잠자리가 힘없이 걸려 있었다.

"얘들아, 나 좀 살려 줘."

잠자리는 더 큰 소리로 외쳤다.

"동글아, 여기 잠자리가 다쳤나 봐. 올라와서 좀 도와줘야겠어."

잠자리는 날개 한쪽이 찢어진 채로 덜덜 떨며 나뭇가지 끝을 붙들

107

고 있었다.

"잠자리야, 걱정 마. 우리가 도와줄게."

동글이와 태양이는 잠자리를 부축하며 땅으로 내려왔다.

유니는 미리 나뭇잎을 마련해 잠자리가 편히 누울 수 있게 도와주었다.

"얘들아, 정말 고마워."

"잠자리야 어쩌다 날개가 찢어진 거야?"

잠자리는 찢어진 날개를 움찔하더니 한숨을 내쉬며 천천히 말했다.

"나는 사실 물가에 살았어. 물속 작은 벌레를 잡아먹고 살았지."

"뭐? 네가 물속에 살았다고?"

곤충과 함께 찾아가는 에너지 대탐험

태양이는 잠자리가 물에 산다는 말을 처음 들었다.

"맞아, 잠자리는 물가에 알을 낳아. 그리고 알에서 깨어난 애벌레는 물속에서 자란다고."

유니가 태양이에게 잠자리에 대해 설명해 주었다.

"응. 우리는 물속에서 애벌레로 살다가 어른 잠자리가 되면 나무 줄기로 기어 올라가서 날개를 펼쳐. 그리고는 하늘로 날아오르지."

"그럼 너도 지금 날개를 펼치는 중이야?"

동글이가 잠자리를 이리저리 살펴보며 말했다.

"아니, 난 이미 한참이나 힘들여서 아름다운 날개를 펼쳤어. 내 날개가 얼마나 아름다웠다고. 그리고 조금 전에 첫 비행을 했어."

잠자리는 하늘을 바라보며 말했다.

"얼른 날개를 쭉 펴고 힘차게 하늘을 날았어. 처음 본 넓고 파란 하늘이 너무나 멋져서 넋을 놓고 말았어."

"그럼 정신없이 날다가 부딪힌 거야?"

태양이가 물었다.

"아니, 신나게 하늘을 몇 바퀴나 돌았지. 정말이지 멋진 경험이었어."

잠자리는 그때를 떠올리며 미소를 지었다.

"그런데?"

잠자리의 긴 이야기에 동글이도 궁금증을 참지 못하고 물었다.

　동글이의 물음에 잠자리는 좀 전의 행복한 얼굴이 싹 사라지고 침울한 표정으로 말을 이어 갔다.

　"힘든 줄도 모르고 한참을 날다가 날개에 힘이 빠져서 쉴 곳을 찾았어. 그리고는 얼른 가지에 앉았지."

　"아! 가지에 앉다가 잘못해서 찢어졌구나."

　태양이가 또 넘겨짚었다.

　"아, 아니야!"

　태양이의 말에 잠자리는 흥분하며 소리쳤다.

　잠자리가 소리치는 바람에 동글이와 유니는 깜짝 놀랐다.

곤충과 함께 찾아가는 에너지 대탐험

"정말 평온하게 쉬고 있었어. 그런데……."

"그런데?"

동글이와 유니가 동시에 물었다.

잠자리의 긴 이야기는 도대체 끝날 줄을 몰랐다.

"그때 갑자기 무언가 커다란 그림자가 나를 덮치는 거야. 순간 정신을 잃고 말았어."

셋은 숨을 죽이고 이야기를 마저 들었다.

"정신을 차리고 보니까 내가 어떤 아이 손에 잡혔더라고."

"아."

태양이가 탄식을 했다.

"아이들이 나를 신기한 듯 쳐다봤어. 나는 온 몸이 덜덜 떨렸지."

"정말 무서웠겠다."

유니가 잠자리를 위로하며 말했다.

"응. 그런데 한 아이가 내 날개를 잡고 있던 손을 살짝 놓으면서 다른 친구한테 주려고 하는 거야."

"그래서?"

동글이와 태양이가 동시에 침을 꼴깍 넘기며 물었다.

"이때다 싶어서 순간적으로 있는 힘껏 날갯짓을 해서 빠져나왔지. 그런데 이제 살았구나 생각하는 찰나 갑자기 날개에 힘이 빠지면서 여기 가지에 떨어지게 된 거야."

"아, 그랬구나. 아마 네 왼쪽 날개가 조금 찢어져서 추락한 것 같아."

동글이가 잠자리의 한쪽 날개를 보며 말했다.

"으앙! 난 몰라. 이제 어떻게 집에 가지?"

잠자리가 갑자기 큰 소리로 울었다. 아마도 아이 손에서 빠져나올 때 날개가 조금 찢어진 것 같았다.

"울지 마, 잠자리야. 우리가 도와줄 방법이 있을 거야."

유니는 잠자리를 위로하며 동글이를 쳐다보았다.

"그럼, 우리가 방법을 찾아볼게. 너무 걱정 마."

동글이도 잠자리를 위로하며 가방을 뒤적였다.

"여기 끈이 있는데 이걸로 찢어진 날개를 꿰매면 어떨까?"

"아니, 그러면 날개에 바늘구멍이 생기고 더 찢어질 수도 있어."

동글이의 아이디어에 유니가 고개를 저으며 말했다.

태양이도 좋은 방법이 없을까 고민하며 주머니를 뒤적거렸다.

그런데 주머니에 손을 넣다가 태양이의 얼굴이 일그러졌다.

"왜 그래?"

그 모습을 본 유니가 태양이에게 물었다.

"에이, 아까 꿀벌 아주머니가 준 ⭐밀랍을 주머

니에 넣어 뒀는데 내가 만지작거려서 녹았나 봐.

주머니가 끈적끈적해졌어."

태양이는 주머니에서 얼른 손을 빼며 울상을 지

었다.

"뭐? 밀랍? 태양아, 주머니에서 녹은 밀랍을 다 꺼내 봐."

"왜?"

태양이는 어리둥절하며 물었다.

"얼른, 일단 꺼내 봐."

유니의 재촉에 태양이는 마지못해 주머니에서 끈적끈적하게 녹

은 밀랍을 꺼냈다.

"태양아, 그걸 이리 가져와서 여기 잠자리 날개 찢어진 부분에 아

주 조금만 발라 줄래?"

그제야 동글이와 태양이는 유니의 말을 이해했다.

"밀랍은 일벌 몸속에서 나온 물질로 접착제 대용으로 쓸 수 있어."

태양이가 밀랍으로 잠자리 날개를 붙여 주었다.

"고마워. 너희들 덕분에 다시 날 수 있게 됐어."

잠자리는 날개를 흔들어 보이며 말했다.

"잠자리야, 괜찮은지 다시 한번 날아 봐."

잠자리는 가뿐하게 날갯짓하면서 유니 머리 위를 빙글빙글 돌다

⭐ 밀랍
벌이 만들어 내는
노란 물질. 상온에
서 단단하게 굳어
지는 성질이 있다.

113

가 동글이 머리 위에 앉았다.

"크크크. 동글아, 네 머리 좀 봐."

"왜, 무슨 일 있어?"

"별일 아냐. 잠자리가 네 머리에 앉아서 그래."

"하하하!"

잠자리와 세 친구들은 기분 좋게 웃었다.

"그런데 너희들 어디 가는 길이니?"

"우리는 학교를 찾아가고 있어."

"학교?"

곤충과 함께 찾아가는 에너지 대탐험

"응, 학교 가는 길을 잃어서 찾던 중이야."

"정말? 이번에는 내가 너희들을 도울 수 있겠는걸!"

"어떻게?"

"하늘로 높이 날아서 어느 쪽에 학교가 있는지 알려 줄게."

"와! 정말?"

"그럼, 난 하늘 나는 게 특기잖아."

"와, 좋겠다. 나도 하늘을 날 수 있으면 얼마나 좋을까?"

동글이는 잠자리가 부러웠다.

"그러게. 우리도 날개가 있으면 금방 갈 수 있을 텐데……."

태양이도 잠자리가 부러웠다.

"우리들은 날개가 얇고 투명한 막으로 돼 있어서 좀 더 빨리 날 수 있어. 또 몸이 가늘고 길기 때문에 곤충들 중에서 제일 빠르게 날 수 있지."

잠자리가 뽐내며 말했다.

"★ 공기저항을 덜 받는다는 얘기구나."

유니는 잠자리의 말이 공기저항과 관련 있다는 걸 떠올렸다.

★ **공기저항**
물체가 공기 속에서 움직일 때 공기로부터 받는 저항.

"자, 그럼 여기서 기다려. 내가 얼른 올라가서 찾아볼게."

잠자리는 순식간에 하늘로 솟구쳤다.

푸덕푸덕.

그런데 날갯짓을 하던 잠자리가 갑자기 곤두박질하며 떨어졌다.

"괜찮아?"

셋은 떨어진 잠자리 곁으로 모였다.

"응, 괜찮아. 아까는 잘 날았는데 이상하다?"

잠자리가 날개를 살펴보며 말했다.

"혹시 갑자기 수직으로 올라가서 그런 거 아닐까?"

유니가 잠자리에게 말했다.

"무슨 말이야?"

동글이가 물었다.

곤충과 함께 찾아가는 에너지 대탐험

"비행기가 뜰 때를 생각해 봐. 긴 활주로를 달리다가 서서히 올라가잖아."

"아, 그렇구나."

"뭐야? 좀 더 쉽게 나는 비법이 있는 거야?"

잠자리가 궁금해서 물었다.

"비행기가 하늘을 나는 비법은 바로 ★양력이지. 아까 너는 바닥에서 하늘 위로 곧장 올라가더라고 수직으로."

> ★ **양력**
> 물체가 움직이는 방향에서 수직으로 물체를 들어 올리려는 힘.

"그런데?"

"넌 지금 날개가 다 나은 게 아니니까 최대한 무리가 가지 않도록 나는 게 좋을 것 같아. 수직으로 바로 날면 중력 때문에 힘이 많이 들거든."

"중력?"

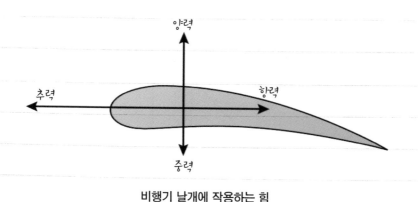

비행기 날개에 작용하는 힘

"응, 땅에서 잡아당기는 힘. 공을 하늘 위로 던지면 바로 떨어지잖아. 너도 날갯짓을 하며 날았지만 중력이 더 컸기 때문에 앞으로 나아갈 수 있는 힘이 모자랐을 거야. 그러면 양력이 생기지 않거든."

"그럼 어떻게 하면 좋을까? 날개가 다 나을 때까지는 날지 못하는 거야?"

조금 전까지 어깨에 힘을 주고 자랑하던 잠자리가 풀이 죽어 유니를 쳐다보았다.

"그럼 안 되지. 우선 날아가는 각도를 조금 낮게 해 보자. 45°로."

"45°?"

"그래, 이 정도로 말이야."

유니 말에 태양이가 팔로 45°를 보여 주었다.

동글이도 가방에서 색종이를 꺼내 45°를 만들어 보여 주었다.

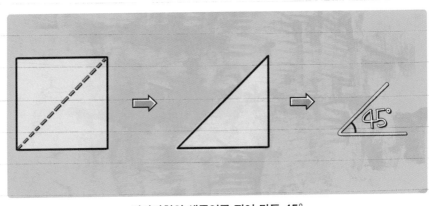

정사각형의 색종이를 접어 만든 45°

곤충과 함께 찾아가는 에너지 대탐험

"아, 조금 낮게 날라는 거구나. 좋은 생각이야. 다시 한번 해 볼게."

잠자리가 날개에 힘을 주며 날아오를 준비를 했다.

"잠깐만!"

유니가 잠자리를 급히 세웠다.

"한 가지 더 중요한 게 있어. 바람이 불어오는 쪽으로 날아야 더 쉬울 거야. 그래야 양력이 많이 생기고 좀 더 편안하게 날 수 있을 거야."

유니가 손바닥을 펼쳐 바람의 방향을 확인했다.

"자, 이쪽이야."

동글이는 잠자리 날개에 붙은 밀랍이 잘 붙었는지 다시 한번 확인해 주었다.

"얘들아, 다시 해 볼게."

잠자리는 마음을 가다듬고 하늘로 힘차게 올랐다.

"와! 날았다."

잠자리가 하늘을 한 바퀴 도는 걸 보고 태양이가 환호했다.

"얘들아, 됐어!"

잠자리는 아까보다 편안하게 뜰 수 있었고 하늘을 나는 데도 문제가 없었다.

"그래, 잘했어."

"멋지다!"

"훌륭해!"

친구들의 칭찬에 한껏 기분이 좋아진 잠자리는 하늘을 몇 바퀴나 빙글빙글 돌았다.

"그런데 잠자리가 우리 학교를 잘 찾을 수 있을까?"

태양이는 잠자리가 하늘을 나는 것을 보며 걱정스럽게 물었다.

"잠자리는 날기도 잘하지만 눈도 엄청 좋아."

이번에는 동글이가 아는 체를 했다.

"얼마나 좋은데? 시력이 2.0이야?"

"그것보다 눈이 만 개가 넘어."

"뭐라고, 눈이 만 개라고?"

동글이 말에 태양이는 어이가 없었다.

"진짜야! 눈이 만 개나 되니 얼마나 잘 보이겠니!"

동글이는 걱정말라는 투로 말하며 잠자리가 어디쯤 날고 있는지 찾아보았다.

"정말 부럽다. 잠자리는 눈도 좋고, 날개도 좋고."

눈이 나빠 안경을 쓰는 동글이는

사람의 눈

잠자리의 겹눈

곤충과 함께 찾아가는 에너지 대탐험

진심으로 잠자리가 부러웠다.

"반드시 좋다고는 할 수 없을걸?"

동글이와 태양이의 대화를 듣던 유니가 말했다.

"무슨 말이야?"

"사람의 눈은 홍채에서 빛의 양을 조절하고, 수정체를 통해서 들어온 빛이 망막에 맺혀 보이는 거야. 사람 눈처럼 사물을 또렷이 보는 구조는 없대. 그래서 우리는 눈이 두 개만 있어도 완벽하다는 말씀."

시력이 좋은 유니가 눈을 깜박이며 말했다.

"잠자리 눈은 우리들과 다른 거야?"

"잠자리는 사실 겹눈 속에 작은 홑눈이 만 개가 넘게 있거든."

유니의 말에 태양이는 퍼뜩 떠오르는 게 있었다.

"맞다! 잠자리는 눈이 양쪽으로 커다랗게 두 개뿐이었어. 뭐야, 동글이한테 속은 거야?"

태양이는 동글이를 흘겨보며 말했다.

"아니 뭐. 난 작은 홑눈을 말한 거야……."

동글이가 머리를 긁적이며 말했다.

"그래, 커다란 두 개의 겹눈 속에 작은 홑눈이 만 개가 넘지. 그래서 우리랑 다른 점은 날아다니는 파리나 모기를 쉽게 볼 수 있다는 것이고, 한 마리도 만 개로 보인다는 거야."

유니는 손가락으로 태양이 눈앞에 파리가 날아다니는 흉내를 내며 말했다.

"아이고, 어지러워. 눈앞에 파리 만 마리가 돌아다닌다니 싫다."

"크크크."

세 친구들이 재잘거리며 웃는 동안 잠자리는 열심히 학교를 찾았다.

"얘들아, 학교가 보여!"

이쪽이야!

곤충과 함께 찾아가는 에너지 대탐험

잠자리가 아이들을 향해 소리쳤다.

"어디?"

"저어기, 이쪽 방향이야, 조금만 가면 될 것 같아."

"고마워, 잠자리야!"

유니가 대답했다.

"우리 학교가 만 개나 보이겠구나. 히히."

태양이는 잠자리와의 유쾌한 만남이 기억에 남을 것 같았다.

"안녕, 잠자리야!"

"잘 가, 친구들!"

"이제 학교 방향을 알았으니 얼른 출발하자."

셋의 발걸음이 한결 가벼웠다.

퀴즈 5

양력을 활용하는 교통수단은 어떤 것이 있을까?

5. 잠자리가 부러워

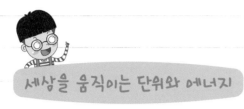
각도 그리기

각도를 나타낼 때 각도기를 이용하면 더 정확히 그릴 수 있습니다. 다음 방법대로 한 번 그려 보세요.

❶ 먼저 수평으로 각의 한 변인 변ㄱ
ㄴ을 긋는다.

ㄱ ———————— ㄴ

❷ 각도기의 중심을 꼭짓점 ㄱ에 맞
추고 각도기의 밑금을 변ㄱㄴ에
맞춘 후 45°인 곳에 점을 찍는다.

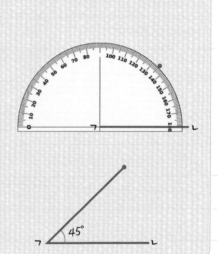

❸ 이 점과 ㄱ을 잇는다.

45°
ㄱ ———————— ㄴ

다양한 각도

각도는 다양합니다. 90°보다 작은 각은 예각이라고 합니다. 90°는 직각, 90°보다 큰 각은 둔각이라고 합니다.

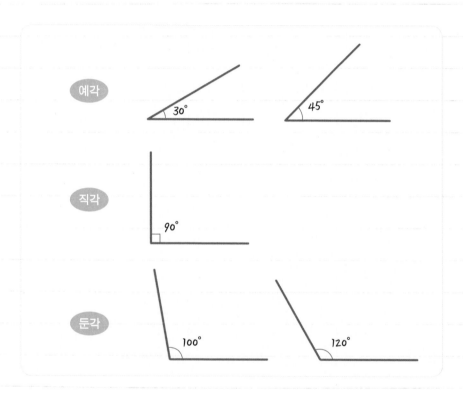

원의 중심 찾기

각도를 이용하면 원의 중심을 쉽게 찾을 수 있습니다. 일반적으로 센터 게이지라는 것을 이용하면 원의 중심을 쉽게 찾을 수 있지요. 원의 중심을 찾으면 지름을 알 수 있는데요. 그래서 바퀴 축을 만들

때 유용하게 쓰입니다. 센터 게이지를 만들어서 원의 중심을 찾아
볼까요?

센터 게이지로 원의 중심을 찾는 방법

센터 게이지는 두꺼운 종이나 단단한 판지를 이용해 쉽게 만들 수
있어요. 종이로 우선 L자 도형과 직각이등변삼각형을 만듭니다. 원
을 L자 도형에 대고 직각이등변삼각형을 붙여 보세요. 직각이등변
삼각형의 한 변을 따라 두 개의 선을 그으면 원의 중심을 찾을 수
있습니다. 이때 두 선이 만나는 점이 원의 중심입니다.

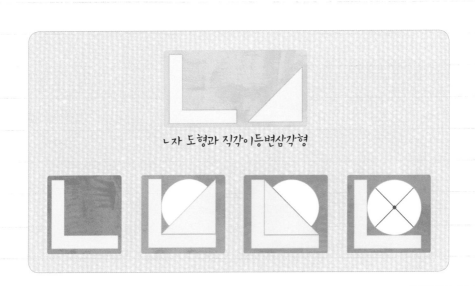

ㄴ자 도형과 직각이등변삼각형

곤충과 함께 찾아가는 에너지 대탐험

6장

메뚜기와 한판 대결

동글이와 친구들은 잠자리가 알려 준 방향으로 서둘러 갔다.

"얘들아, 어서 와. 이 풀숲만 지나면 될 것 같아."

태양이가 앞서 가며 말했다.

초록 잎들로 무성한 수풀이 세 친구들 앞에 펼쳐져 있었다.

"엄마야!"

우거진 수풀 사이로 막 들어서는데 갑자기 태양이가 소리를 지르며 뒤로 벌러덩 넘어졌다.

"괜찮아?"

유니가 얼른 달려와 태양이를 일으켜 세워 주었다.

"왜? 무슨 일이야?"

동글이도 달려와 물었다.

"어, 뭔가 움직이는 거 못 봤어?"

태양이가 두리번거리며 물었다.

"아니? 우린 아무것도 못 봤는데?"

"그래? 내가 잘못 봤나?"

태양이는 엉덩이를 툭툭 털며 일어났다.

세 친구는 다시 수풀 안쪽으로 들어갔다.

"태양아, 내가 앞장설게."

태양이가 걸음을 주춤거리자 유니가 성큼성큼 앞장서며 걸음을

곤충과 함께 찾아가는 에너지 대탐험

옮겼다.

태양이는 주위를 두리번거리며 조심조심 유니 뒤를 따랐다.

"엄마아!"

이번에는 맨 뒤에서 오던 동글이가 소리쳤다.

"무슨 일이야?"

유니가 뒤를 돌아보며 물었다.

"몰라, 뭔가 튀는 느낌이……."

동글이는 주위를 둘러보며 몸을 으스스 떨었다.

"맞지? 뭔가 갑자기 움직였지?"

태양이가 동글이에게 바짝 다가와 작은 소리로 말했다.

"응. 뭔가 툭 튀어 오르더니 갑자기 없어졌어."

동글이는 겁에 질린 눈빛으로 고개를 끄덕이며 말했다.

"유니야, 여기 뭔가 있는 것 같아."

세 친구들은 수풀을 유심히 살펴보았다.

툭!

그때 또 뭔가가 튀는 소리가 들리며 풀잎도 순간 잠시 흔들렸다.

"으악!"

세 친구들은 깜짝 놀라 서로 부둥켜안았다.

"뭐야, 도대체?"

동글이가 벌벌 떨며 말했다.

"귀신이냐? 외계인이냐? 당장 나와!"

태양이가 어느새 나뭇가지를 손에 쥐고 흔들며 소리쳤다.

"그래! 당장 나와! 숨어서 공격하는 건 비겁해!"

동글이와 유니도 소리쳤다.

사르륵사르륵.

그때 오른쪽 건너편에서 풀잎이 움직이는 소리가 나더니 형체가 보이기 시작했다.

"어! 메뚜기다."

조금 전까지만 해도 보이지 않던 메뚜기가 나타났다.

풀잎과 같은 초록색이라서 잘 보이지 않았던 모양이다.

"안녕. 난 메뚜기야."

초록 빛깔 메뚜기가 머리를 긁적이며 동글이 앞으로 걸어왔다.

"얘들아, 나 때문에 놀랐어? 놀라게 했다면 미안해. 난 너희를 놀라게 할 생각은 없었어. 오히려 내가 너무 깜짝 놀라서 숨었던 거야. 난 너희들이 개구리인줄 알았거든."

메뚜기 아저씨의 사과에 동글이와 친구들은 서로 마주보며 웃음을 터뜨렸다.

"메뚜기 아저씨! 우리도 깜짝 놀랐어요. 어휴."

동글이는 깜짝 놀란 가슴을 진정시키며 말했다.

'메뚜기 때문에 벌벌 떨다니…….'

130

태양이는 조금 자존심이 상했다.

"휴, 난 메뚜기 아저씨가 귀신인 줄 알았어요."

유니도 마음을 진정하며 말했다.

"어쩜 그렇게 순식간에 움직일 수가 있어요? 정말 깜짝 놀랐잖아
요."

태양이는 무서워서 떨었던 게 아니라 단지 깜짝 놀랐었다는 듯 말
했다.

"그러게요. 나는 정말 귀신인줄 알았다니깐. 금방 움직였는데 아
무리 둘러봐도 안 보이잖아."

동글이의 말에 유니는 친구들이 겁에 질렸던 얼굴을 생각하며 킥 킥 웃었다.

"미안, 미안."

메뚜기 아저씨는 세 아이들을 보며 사과했다.

"너희들이 나를 잡아먹는 개구리인 줄 알고 숨어 있었어. 난 내 몸을 보호하기 위해서 이렇게 풀색하고 똑같은 초록빛을 띤단다. 개구리가 나를 발견하지 못하게 말이야. 그래서 너희들도 나를 볼 수 없었던 것이지."

동글이는 풀과 메뚜기 아저씨를 번갈아 보며 정말 색깔이 비슷하구나 싶어 감탄했다.

"저번에는 사마귀한테 잡힐 뻔했어. 내가 잠깐 풀잎에 앉아서 야금야금 풀잎을 맛있게 갉아먹고 있는데, 난데없이 사마귀가 나타나서 발로 날 채 가려는 거야. 순간 얼마나 놀랐던지 그때만 생각하면 아유……."

"많이 놀랐겠어요."

"그때도 얼른 풀 뒤에 숨어서 꼼작도 않고 있었더니 사마귀가 어리둥절해 하면서 가더라고."

"와! 아저씨 변장술은 최고예요."

"맞아, ⭐보호색으로 풀처럼 변장한 거지. 곤충들은 나처럼 생존하기 위해서 주위 환경에 몸

⭐ **보호색**
다른 동물의 공격을 피하기 위해 눈에 띄지 않도록 주위와 비슷하게 돼 있는 몸의 색깔.

곤충과 함께 찾아가는 에너지 대탐험

의 색깔을 맞추거든."

"와, 멋져요."

아이들의 칭찬에 메뚜기 아저씨는 다시 한번 풀 뒤로 살짝 숨었다.

"정말 풀 밖에 안 보이네. 진짜 대단해요."

동글이는 메뚜기 아저씨 가까이로 다가갔다.

"그런데 너희 수풀 속에는 왜 들어가려는 거야?"

"우린 지금 학교로 돌아가는 길이에요. 이쪽으로 가면 학교가 나오거든요."

"난 추천하고 싶지 않구나. 수풀 속은 위험해. 천적들이 많거든."

메뚜기 아저씨는 세 아이가 걱정됐다.

"너희들은 나처럼 변장술도 없는 것 같고."

유니는 메뚜기 아저씨 말에 겁이 났다.

"아저씨 그럼 이 수풀을 빨리 지나갈 수 있는 방법은 없을까요?"

"나처럼 멀리뛰기를 하면 어때? 이렇게 말이야."

메뚜기 아저씨는 한 번 뛰더니 저쪽 멀리까지 날아갔다.

보호색으로 위장한 방아깨비

133

"와, 어떻게 그렇게 멀리 뛸 수 있어요? 대단해요."

"이 튼튼한 뒷다리 때문이지."

메뚜기 아저씨는 뒷다리를 쭉 펴며 말했다.

"한 번에 얼마나 멀리 갈 수 있는데요?"

"한 번에? 음. 1m는 거뜬히 뛸 수 있을걸?"

"1m요? 정말이에요?"

태양이는 너무 놀라 입이 다물어지지 않았다.

"그럼, 그 정도는 식은 죽 먹기지. 못 믿겠으면 나랑 멀리뛰기 시합해 볼래? 나는 멀리뛰기 시합에서 한 번도 져 본 적이 없다고."

메뚜기 아저씨가 뒷다리를 쭉 뻗으며 말했다.

"네! 저랑 해요! 대신 저기 나무까지 아저씨는 멀리뛰기로 가고 저는 달리기로 가기로 해요."

달리기에 자신 있는 태양이는 메뚜기 아저씨 말에 주저 없이 대답했다.

"그래? 달리기로 나의 멀리뛰기를 이기겠다고?"

"걱정마세요. 제가 얼마나 빠른지 보여 드릴게요."

메뚜기 아저씨와 태양이의 승부욕이 불타올랐다.

"자, 그럼 내가 심판 볼게. 준비됐나요?"

유니의 준비 신호에 메뚜기 아저씨와 태양이는 출발선에 섰다.

"준비, 출발!"

출발 소리와 함께 메뚜기 아저씨는 총알처럼 튀어 올랐다. 태양이
도 지지 않고 빠르게 뛰었다.

둘은 앞서거니 뒤서거니 하며 승부는 흥미진진하게 흘러갔으나,
결국 메뚜기 아저씨가 먼저 나무에 도착했다.

"메뚜기 아저씨, 승!"

"헥, 헥!"

"메뚜기 아저씨, 반칙이에요. 날아가는 게 어디 있어요. 달리기 시합인데."

태양이가 심술 난 표정으로 말했다.

"무슨 말씀? 난 절대 날지 않았어. 점프로 멀리 뛰었을 뿐이야."

메뚜기 아저씨가 여유 있는 표정으로 웃으며 말했다.

"그런데 너도 참 잘 뛰더라. 인정, 인정!"

메뚜기 아저씨는 씩씩거리는 태양이를 다독였다.

"메뚜기 아저씨도 정말 잘 뛰시네요. 멀리뛰기 선수로 치면 금메달감이에요!"

태양이는 달리기 실력을 인정해 준 메뚜기 아저씨 말을 듣고는 씩씩거리던 마음을 누그러뜨리며 말했다.

"맞아요. 도대체 몇 번 만에 도착한 거예요?"

동글이와 유니도 메뚜기 아저씨의 멀리뛰기 실력에 감탄했다.

"나무까지의 거리를 1이라고 생각한다면 나는 똑같은 거리를 네 번 만에 뛰었지."

"태양이는?"

"내가 뛴 다리 폭을 생각하면 열두 번쯤 뛴 것 같아."

"그럼, 메뚜기 아저씨가 한 번 뛰는 게 태양이가 세 번 뛴 것과 같네."

태양이는 이야기를 가만히 듣다가 조금만 더 보폭을 넓히면 이길

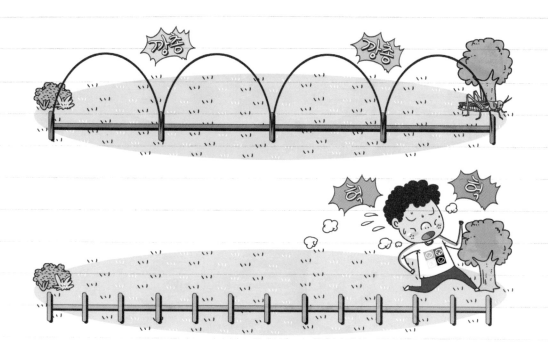

것 같은 예감이 들었다.

"아저씨가 멀리뛰기를 잘하시니까 이번에는 저희 둘이 이어 달려 볼게요."

"싫어, 나는 달리기에 자신 없단 말이야."

동글이가 주저하며 말했다.

"걱정 마. 보폭을 넓게 벌리면 몇 번 만에 도착할 수 있어."

태양이가 동글이에게 속삭였다.

"좋아."

메뚜기 아저씨는 태양이의 도전을 흔쾌히 받아들였다.

"자, 그럼 이번에는 10초 달리기를 시작하겠습니다. 동글이와 메뚜기 아저씨는 여기 출발선에 서고 태양이는 저만치 가 있어."

유니 말에 태양이는 주먹을 불끈 쥐고 승리를 다짐하며 위치에 섰다.

"준비, 출발!"

어김없이 메뚜기 아저씨는 튼튼한 다리에 힘을 주며 펄쩍 뛰어올랐다.

동글이는 자신이 없었지만 태양이 말대로 발을 넓게 벌려 성큼성큼 뛰었다. 동글이는 힘이 빠질 즈음 태양이에게 터치했다.

"이번에는 꼭 이길 거야."

태양이는 있는 힘을 다해 달렸다.

이번에는 발의 보폭을 넓게 벌려 메뚜기 아저씨처럼 뛰었다.

"그만!"

유니가 종료 선언을 했다.

"헥헥."

"잘했어. 동글아."

"고마워, 태양아."

동글이와 태양이가 서로 토닥이며 말했다.

"너희 둘이 힘을 합치니 훨씬 잘 달리던데!"

　역시나 여유 있게 도착한 메뚜기 아저씨도 열심히 달린 두 친구를
칭찬했다.

　"얘들아, 얼마큼 달렸는지 알려 줄게."

　달리기 경기를 지켜보던 유니가 경기 결과를 알려 주었다.

　"먼저 메뚜기 아저씨는 10초 동안 2m의 $\frac{9}{10}$를 달렸어. 그리고 동
글이는 2m의 $\frac{6}{10}$을 달렸고, 태양이는 바통을 받고 2m의 $\frac{5}{20}$를 달
렸어."

　"유니야, 무슨 말이야? 좀 알아듣기 쉽게 말해 봐."

　태양이가 투덜대며 말했다.

　유니는 태양이가 알기 쉽게 그림을 그려 가며 말했다.

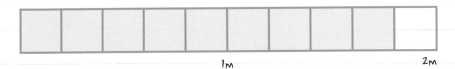

메뚜기 아저씨가 달린 거리

동글이와 태양이가 달린 거리

★ 통분
분모가 다른 분수
들의 분모를 같게
만드는 것

"자, 그럼 이렇게 ★통분해서 비교해 보자. 메뚜기 아저씨는 $\frac{9}{10}$이니까 $\frac{9}{10}=\frac{9\times2}{10\times2}=\frac{18}{20}$. 동글이는 $\frac{6}{10}$이니까 $\frac{6}{10}=\frac{6\times2}{10\times2}=\frac{12}{20}$. 태양이는 $\frac{5}{20}$를 달렸어."

유니의 설명을 듣다가 태양이가 깜짝 놀라며 말했다.

"뭐야, 메뚜기 아저씨는 $\frac{18}{20}$, 동글이는 $\frac{12}{20}$, 나는 $\frac{5}{20}$라구? 그럼 내가 제일 적게 달렸다는 거야?"

"그렇네. 동글이가 꽤 많이 달렸구나."

메뚜기 아저씨가 동글이 등을 토닥이며 말했다.

"아직 안 끝났어. 잘 들어 봐. 그럼, 동글이 팀이 달린 총 거리를 알아보자. 동글이 팀은 동글이가 달린 거리와 태양이가 달린 거리

> 동글이와 태양이가 뛴 거리: $\frac{12}{20} + \frac{5}{20} = \frac{17}{20}$
>
> 메뚜기 아저씨가 뛴 거리: $\frac{18}{20}$

를 더해야 하니까."

"메뚜기 아저씨가 뛴 거리에서 동글이와 태양이가 뛴 거리를 빼면 $\frac{1}{20}$이 남으니까, 이번 경기도 메뚜기 아저씨가 이긴 거네."

유니는 메뚜기 아저씨에게 박수를 보냈다.

"역시, 메뚜기 아저씨는 멀리뛰기 선수시네요!"

"유니야, 거리로 계산해야지. 다시 계산해 줘."

태양이가 결과에 승복하지 못하겠다며 말했다.

"아이참. 메뚜기 아저씨는 2m의 $\frac{18}{20}$이니까 180cm를 뛰었고 너희는 2m의 $\frac{17}{20}$이니까 170cm를 뛴 거지. 한마디로 메뚜기 아저씨가 같은 시간동안 10cm를 더 뛴 거야. 이제 됐지?"

유니가 명판사처럼 똑소리 나게 판결을 내렸다.

"맞네!"

태양이는 유니의 말에 풀 죽은 목소리로 말했다.

"괜찮아, 좀 아쉽긴 하지만 너희 둘이 최선을 다했잖아. 잘했어. 너희들 이렇게 잘 뛰는 거 보니 이 풀숲을 금방 빠져나갈 수 있겠구나."

"맞다! 애들아, 우리 얼른 가야 해!"

시합에 정신 팔려 있던 동글이가 번뜩 놀랐다.

"메뚜기 아저씨, 즐거웠어요. 안녕히 계세요."

유니가 서둘러 인사를 했다.

"그래, 얼른 가. 지금처럼 발을 넓게 벌려서 성큼성큼 빨리 뛰어 수풀을 빠져나가렴. 꼭 어둡기 전에 가야 해!"

메뚜기 아저씨는 세 아이들이 무사히 학교로 돌아가기를 바라며 손을 흔들었다.

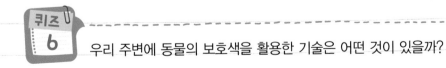

퀴즈 6

우리 주변에 동물의 보호색을 활용한 기술은 어떤 것이 있을까?

곤충과 함께 찾아가는 에너지 대탐험

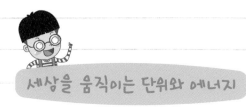

분수는 왜 필요할까요?

분수가 처음 등장한 때는 고
대이집트라고 합니다. 함께 농
사를 지은 사람들이 농작물을
똑같이 나눠야 하는 경우가 생
겼는데 문제가 생긴 거예요.

예를 들어 50개의 옥수수를
똑같이 4명이 나눠 가지려면
어떻게 해야 할까요?

4명이 옥수수 12개씩 나눠 갖고 남은 2개를 반으로 잘라서 나눠
가져야 할 것입니다. 이집트 사람들은 이렇게 나누어떨어지지 않는
나눗셈의 몫을 표현할 새로운 방법이 필요했어요. 그래서 찾아낸
것이 분수입니다.

분수로 종이접기

분수를 이용해 정사각형의 넓이를 $\frac{1}{2}$로 줄여 보겠습니다. 예를

들어 가로세로의 길이가 10cm인 정사각형 색종이가 있다면 넓이가 100cm^{2}에서 50cm^{2}로 줄어든다는 얘기죠. 아래 그림처럼 한 번 따라 접어 볼까요?

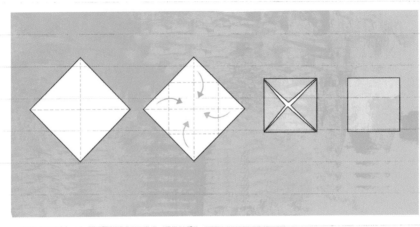

넓이가 $\frac{1}{2}$인 정사각형 접기

곤충과 함께 찾아가는 에너지 대탐험

7장

반딧불이 램프

해가 지자 주변이 한층 어두워졌다.

"얘들아, 좀 무섭다."

동글이가 태양이 옆으로 바싹 다가서며 말했다.

"에이, 뭐가 무서워. 이제 곧 달이 밝게 뜰 거야."

태양이는 동쪽 하늘을 가리키며 말했다.

금세 닿을 것만 같던 학교 불빛은 아직도 저만치 멀리 보였다.

"진짜 서둘러야겠어. 어두워지면 이 숲에서 어떤 곤충이 나올지 모르잖아."

유니가 앞서 걷던 걸음을 멈추고 뒤돌아보면서 말했다.

유니 말에 태양이가 한걸음에 달려왔다.

"걱정 마, 우리 지금까지 모두 좋은 친구들을 만났잖아."

동글이도 맨 뒤에 서는 것이 무서웠던지 친구들 가까이로 재빠르게 뛰어왔다.

태양이는 걱정하는 친구들에게 보란 듯이 가슴을 활짝 펴고 의기양양하게 앞서 걸었다.

하늘에는 어느새 밝은 별들이 드문드문 떠 있었다. 유니는 길이 어두워 걱정됐지만 아름다운 별들을 볼 수 있어서 좋았다.

별은 오늘따라 유난히 높고 밝게 느껴졌다. 아마 몸이 작아져서 그런 게 아닐까 생각했다.

서쪽에서는 금성이 밝게 빛나고 백조자리와 독수리자리도 보였

다. 이렇게 밤하늘의 별을 올려다보는 건 오랜만이었다. 유니는 한참 넋 놓고 별들을 바라보았다.

"정말 아름답다."

그때 태양이가 뒷걸음질하며 소리쳤다.

"얘들아, 저어, 저어기, 도깨비야!"

"뭐?"

"저기 도깨비가 나타났어!"

태양이는 덜덜 떨며 앞쪽을 가리켰다.

그 말에 유니와 동글이도 몸을 움츠리며 숨 죽였다.

세 친구는 자리에서 꼼짝도 않고 앞을 응시했다. 그러나 아무런 움직임이 없었다.

"뭐야. 괜히 장난치는 거 아냐?"

동글이는 태양이가 자신에게 겁을 주려는 모양이라고 생각하며 눈을 흘겼다.

"아니야, 분명히 도깨비불이 돌아다녔어."

"도깨비불?"

"그래, 반짝이는 불이 갑자기 내 눈앞에 나타나서 이리저리 날아다녔어."

"너한테 달려들었어?"

"그건 아니고, 눈앞에서 깜빡깜빡하며 나를 홀리는 것 같았어."

태양이는 두 손으로 몸을 감싸며 부르르 떨었다.

"맞아, 도깨비불은 사람을 홀려서 어딘가로 데려간다잖아."

동글이도 언젠가 할머니한테 들은 말이 생각나 등골이 오싹해졌다.

"그래? 커다란 불이었어?"

"아니."

"뜨거운 열기가 나왔어?"

"아니, 가깝게 있는데 뜨겁지는 않았어."

"작은 불빛이 여러 개 있지는 않았어?"

"응, 맞아. 처음엔 한두 개 보이는가 싶더니 갑자기 여러 개가 동시에 반짝였어."

"그러면……."

"너 뭔가 아는 거야? 왜 자꾸 물어?"

유니는 태양이 말에 뭔가 짚이는 게 있었다.

"어디쯤?"

유니가 용감하게 앞으로 나가며 물었다.

"여기쯤이었던 것 같은데……."

태양이는 빛이 반짝이던 곳을 가리켰다.

유니가 태양이가 가리키는 쪽 주위의 풀잎을 살짝 흔들었다.

그러자 갑자기 무언가 반짝이는가 싶더니 순식간에 밤하늘에 불빛이 가득했다.

곤충과 함께 찾아가는 에너지 대탐험

"으악! 나타났다!"

동글이와 태양이는 꼭 끌어안고 눈을 질끈 감았다.

"역시!"

유니의 목소리에 두 친구들이 살짝 눈을 떴다.

"애들아, 걱정 마. 반딧불이야!"

놀란 마음을 가다듬고 가만히 살펴보니, 정말 반딧불이들이 깜빡 깜빡 엉덩이에 빛을 내며 날아다니고 있었다.

"와, 멋진데!"

태양이는 언제 호들갑을 떨었냐는 듯 반딧불이들을 보며 감탄

했다.

"무섭다며?"

"에이, 아까는 도깨비불인줄 알았지…….."

"야, 너 때문에 나까지 십년감수했잖아."

셋은 멋진 모습에 입을 다물지 못하고 한참을 쳐다보았다.

불꽃들이 손에 닿을 듯 눈앞에서 아른거렸다.

"거기 누구냐!"

그때 태양이 눈앞으로 불빛 하나가 다가오는가 싶더니 다짜고짜

호통쳤다.

"어!"

태양이는 깜짝 놀라 무심결에 손을 휘휘 저었다.

탁!

"어이쿠!"

손에 부딪힌 불빛이 땅에 떨어졌다.

"뭐야? 도깨비야?"

"아이고!"

유니가 소리 나는 쪽을 살펴보았다.

"괜찮으세요?"

반딧불이 한 마리가 바닥에 쓰러져 있었다.

"휴, 뭐야, 이번엔 진짜 도깨비인줄 알았네."

태양이가 안도의 숨을 내쉬며 말했다.

"도깨비라니! 에끼, 이놈들!"

"반딧불이 할아버지, 놀라게 해서 죄송해요."

동글이는 손을 내밀어 반딧불이 할아버지를 일으켰다.

"어험, 날 알아봐 주어서 고맙구나."

반딧불이 할아버지는 날개를 툭툭 털며 일어났다.

"그래 내가 바로 반딧불이란다. 그런데 너희는 누구니?"

반딧불이는 자신을 알아봐 준 아이들이 기특했다.

"네, 저희는 저기 학교에 다니고 있는 학생이에요. 저는 동글이,
여기는 제 친구 유니와 태양이에요."

7. 반딧불이 램프

동글이가 소개하자 유니와 태양이도 인사를 했다.

"안녕하세요."

"그런데 너희들 이렇게 깜깜한 밤에 여기서 뭐하고 있니?"

할아버지가 세 친구들을 보며 말했다.

"개미를 따라 놀러 왔다가 그만 학교로 돌아가는 길을 잃어버려 헤매고 있어요."

동글이는 혹시 반딧불이 할아버지가 도와주지 않을까 기대했다.

"아, 그래? 밤이 됐는데 얼른 집으로 가야지. 부모님이 무척 걱정하실 텐데. 안되겠다. 내가 도와줘야겠구나."

반딧불이 할아버지의 다정한 말에 태양이는 어쩔 줄 몰랐다.

"저, 할아버지 아까는 죄송했어요. 너무 놀라서 그만⋯⋯."

"글쎄 태양이는 할아버지가 도깨비불인 줄 알고 겁먹었다니까요."

동글이가 태양이를 놀리며 말했다.

"아니요, 아니요, 죄송해요. 도깨비불이라니요! 귀하신 우리 반딧불이 할아버님을 어떻게."

태양이는 황급히 두 손을 저으며 말을 이었다.

"우리 반딧불이 할아버지로 말씀드릴 것 같으면⋯⋯ 형설지공! 옛날 선비들이 밤에 책을 읽을 때 반딧불이가 불을 대신해서 밝은 빛으로 밝혀 주었다는 이야기 들은 적 있지?"

태양이는 깍듯한 말투로 또박또박 말했다.

"한마디로 반딧불이는 우리 선조들의 귀한 보물이었다는 말씀!"

아무래도 태양이는 도깨비불로 착각한 것 때문에 반딧불이 할아버지가 혹시 기분 나빴을까 봐 눈치를 보는 듯했다.

"그럼 그럼, 아무렴."

반딧불이 할아버지는 기분이 좋아졌다.

"태양이가 나에 대해서 잘 알고 있구나."

반딧불이 할아버지는 좀 전에 도깨비불이라 착각한 것도, 손에 맞은 것도 용서해 주어야겠다고 생각했다.

"우리 태양이 대단한데! 혹시 나에 대해 알고 있는 거 더 없니?"

반딧불이 할아버지의 칭찬에 신이 난 태양이는 말을 이었다.

"맞다. 할아버지 별명이 개똥벌레라는 것도 알아요. 개똥이 집이 잖아요. 그렇죠?"

"어? 그건 아닌데!"

동글이가 끼어들었다.

"아니, 맞아. 개똥에서 사니까 개똥벌레라는 별명이 붙은 거지. 그렇죠 할아버지?"

태양이가 자신 있게 말하며 반딧불이 할아버지를 쳐다보았다.

"흐흠, 내 이야기를 해 줘야겠구나. 자, 여기 앉아 보렴."

반딧불이 할아버지는 자신의 이야기를 찬찬히 해 주었다.

"우선 개똥벌레라는 별명은 맞지만 개똥에서 사는 건 아니야."

"어? 그런데 왜 개똥벌레라는 별명이 붙었어요?"

"그건 말이지, 나는 주로 밤에 활동을 하는데 낮에는 개똥처럼 습기가 있는 곳에서 잠깐씩 쉬거든. 그런데 사람들이 그 모습을 보고는 개똥벌레라고 부른 거야. 지금 생각하면 아쉬워."

곤충과 함께 찾아가는 에너지 대탐험

"뭐가요?"

"뭐긴 뭐야, 별명이 될 줄 알았으면 좀 더 멋진 곳에서 쉴 걸 그랬지 뭐냐."

"하하하."

반딧불이 할아버지와 세 친구들은 새로운 별명을 생각하며 깔깔 웃었다.

"그럼 개똥 말고 어디서 사는 거예요?"

태양이가 물었다.

"물가나 땅 위. 우리는 친척이 아주 많은데, 나는 보통 사람들이 늦반딧불이라고 불러. 물속에 알을 낳고 애벌레일 때는 땅 위에서 달팽이를 잡아먹고 살지."

"저도 알아요. 늦반딧불이는 몸집이 크고 꽁무니 불빛이 밝다고 들었어요."

동글이도 책에서 본 기억이 났다.

"우리 학교 근처에도 반딧불이가 있는 줄 몰랐어요."

"그럼, 그럼. 우리는 어디에서나 흔히 볼 수 있어. 그나저나 예전에는 참 살기 좋았는데……. 요즘엔 살 만한 장소를 찾기가 어려워."

빛을 내고 있는 반딧불이

155

애반딧불이와 늦반딧불이

- 애반딧불이: 5월 말부터 볼 수 있는 반딧불이. 애반딧불이 애벌레는 물속에 살고 다슬기를 잡아먹고 산다.
- 늦반딧불이: 8월 중순을 넘어서야 볼 수 있는 반딧불이. 늦반딧불이 애벌레는 땅 위에서 살며 달팽이를 먹이로 삼는다.

"왜요?"

"환경이 오염되고 빛이 많아져서 우리들이 살기가 어렵단다. 그 많던 가족과 친척들이 점점 사라지고 있어서 걱정이야."

동글이도 할머니 댁에 가야만 반딧불이를 볼 수 있는 게 아쉬웠다. 또 도시의 불빛 때문에 곤충들이 점점 사라진다는 게 마음 아팠다.

"반딧불이 할아버지도 몸에 전기가 있어요?"

태양이는 도시를 밝히는 많은 빛들은 전기에너지의 힘이 필요하니 반딧불이도 몸에 전기가 있는지 궁금했다.

"전기? 난 그런 건 몰라."

"도시의 빛들은 전기가 통해야 불이 들어오거든요. 반딧불이 할아버지는 어떻게 빛을 만드는 거예요?"

"음...... 우리는 몸속에 **빛을 내는 발광 기관이 있는데 거기에서 루시페린이라는 물질이 공기 중 산소와 반응해 빛을** 만든단다."

"와! 신기하네요. 이런 게 바로 친환경 에너지네."

동글이는 곤충을 연구하면 자연을 훼손하지 않는 친환경 에너지를 만들 수 있지 않을까 생각했다.

그러면 곤충들도 터전을 빼앗기지 않고 우리들 곁에서 함께 지낼 수 있을 것 같았다.

"옛날 선비들이 반딧불이 빛으로 책을 읽었다는 게 정말이에요?"

"그럼, 내가 얼마나 밝은지 보여 주마."

반딧불이 할아버지가 빛으로 신호를 보내자 다른 반딧불이들이 모여들었다.

"와, 정말 밝네요."

7. 반딧불이 램프

백열등

조금씩 모여들던 반딧불이가 점점 불어나 백여 마리쯤 됐다.

"와!"

셋은 탄성을 질렀다.

"우리 집 형광등 빛처럼 밝은데!"

빛은 발아래를 환하게 비출 정도로 밝았다.

옛 선비들이 반딧불이 빛으로 책을 읽었다는 말을 믿을 만했다.

"할아버지, 그런데 이렇게 많이 모여 있는데 불빛이 뜨겁지 않네요?"

"뜨거워야 해?"

"우리 집 ⭐백열등은 뜨겁거든요."

태양이는 어릴 때 백열등을 만졌다가 손을 데일 뻔했던 기억이 떠올랐다.

> ⭐ **백열등**
> 온도를 높여 빛을 내는 전구. 켜 두면 금세 뜨거워진다.

"백열등은 필라멘트에 열이 생기면서 빛이 나는 거라 그래. 빛을 내기 위해서 열로도 에너지를 잃게 되지. 그래서 요즘은 에너지 손실을 줄이기 위해 LED등을 많이 쓴다고 들었어."

유니는 역시 아는 게 많았다.

"응, 반딧불이 빛은 밝긴 하지만 뜨겁진 않단다."

반딧불이 할아버지가 꽁무니 빛을 밝히며 가까이 다가왔다.

"반딧불이 할아버지, 우리 집에 가실래요?"

태양이가 뜬금없이 초대했다.

"반딧불이 할아버지가 우리 집에 있으면 엄마가 엄청 좋아하실 것 같아요."

"아니, 왜?"

"우리 집 전기료가 절약될 테니까요. 히히히."

태양이는 전기료 걱정에 에어컨을 마음껏 틀지 못하게 했던 엄마 생각에 꾀를 내었다.

"하하, 뭐야?"

전구별 특징

구분	백열등	형광등	LED등
수명	1,000시간	10,000시간	30,000시간
소비 전력 (숫자가 작을수록 좋음)	100W	30W	12W
에너지 효율 (숫자가 클수록 좋음)	10~15lm/W	50~80lm/W	60~80lm/W

lm/W: 빛의 밝기를 나타내는 단위인 루멘(lm)과 소비 전력을 뜻하는 와트(W)로 에너지 효율을 나타낸다.

159

"너는 참!"

"기발하다, 기발해!"

반딧불이 할아버지와 동글이, 유니는 태양이의 꾀에 한바탕 웃었다.

"태양아, 할아버지가 너희 집에는 못 가도 너를 도와줄 수 있는 방법을 알려 줄게."

"정말요?"

전기를 아끼는 방법

곤충과 함께 찾아가는 에너지 대탐험

"우선 안 쓰는 불은 끄기, 안 쓰는 전기 코드는 뽑기, 에어컨은 적정 온도로 맞추기! 이 세 가지만 지켜도 전기를 아낄 수 있단다."

"정말요? 간단하네요?"

"그래, 너희들이 전기를 아껴 쓰는 작은 행동이 돌고 돌아서 환경을 보호하게 되고, 우리 같은 곤충들이 살 수 있는 자연을 만들어 주지. 그러면 우리는 너희들 곁에서 함께 살 수 있을 것이고!"

"와, 그럼 전기를 아끼면 할아버지를 우리 집 근처로 초대할 수 있는 거네요! 엄마한테 꼭 소개드릴게요."

태양이는 전기료라면 꼼짝 못 하는 엄마에게 반딧불이 할아버지를 꼭 소개하고 싶었다.

"우리 꼬마들, 궁금한 거 다 물어봤으면 이제 얼른 일어나서 가자꾸나. 밤이 더 깊어지기 전에."

반딧불이 할아버지는 아이들 앞으로 길을 환하게 비쳐 주셨다.

세 친구들은 반딧불이 할아버지의 빛을 따라 걸음을 옮겼다.

퀴즈 7 전기를 절약할 수 있는 방법은 어떤 것이 있을까?

빛 에너지

빛은 우리 눈으로 볼 수 있는 가시광선뿐만 아니라 볼 수 없는 적외선, 자외선 등이 있습니다. 자외선은 여러 기능 중 살균 기능이 있으며, 적외선은 리모컨처럼 신호를 실어 보내는 기능과 함께 사람의 몸을 치료할 수 있는 기능을 가지고 있어요. 또한 빛은 전기에너지로 바꾸어 사용할 수도 있습니다.

빛을 에너지로 이용하는 방법은 크게 두 가지로 나눠요. 햇빛을 이용한 태양광발전과 햇빛에서 나오는 열을 이용해 발전하는 태양열발전이 있습니다. 태양광발전과 태양열발전을 알아볼까요?

태양광 에너지

태양광 에너지는 빛을 이용해 수력발전, 화력발전을 대체할 수 있는 에너지자원입니다. 태양광을 전기에너지로 바꾸어 사용하는 것으로 태양광 셀 등이 필요합니다. 빛이 있고 태양광 셀을 설치할 장소만 있다면 전기에너지를 생산할 수 있는 큰 장점이 있습니다. 아파트, 저수지, 고속도로 휴게소 등에 설치할 수 있지만 무분별하게 산에 있는 나무를 베어 설치한다면 환경 훼손이 되죠. 이 때문에 협의를 통해 신중히 장소를 선택해야 합니다.

빛을 이용하는 태양광발전

태양열 에너지

태양열 에너지를 이용하는 방법으로는 태양의 복사에너지로 물을 데워 사용하는 방법이 있어요. 빛이 아닌 태양열을 모아서 물을 데우고 집 안의 난방과 온수로 사용하는 친환경 에너지 절약 방법입니다.

또한 태양열로 전기를 생산하는 발전 방식이 있는데요. 물의 온도를 높인 다음 증기를 발생시켜서 터빈을 돌리는 방식입니다. 날씨가 좋아서 태양열의 온도가 높으면 효율이 좋지만 그렇지 않을 경우를 대비해 기술 개선이 필요한 실정입니다.

열을 이용하는 태양열발전

곤충과 함께 찾아가는 에너지 대탐험

8장

모기는 억울해!

"애들아, 저기 학교가 보여."

유니가 앞을 가리키며 말했다.

"와, 정말!"

셋은 반딧불이 할아버지 덕분에 무사히 수풀을 빠져나왔다.

학교 앞에 이르자 반딧불이 할아버지는 아이들과 작별 인사를 하고 멀리 날아갔다.

"빨리 가자."

태양이는 앞장 서서 성큼성큼 걸어갔다.

동글이와 유니도 뒤를 따라 발걸음을 옮겼다.

커다란 학교 건물은 코앞에 닿을 듯 가까웠다. 작아지지만 않았다

165

면 서너 발자국에 학교 안으로 들어갈 수 있을 것 같았다.

"헉헉."

힘차게 걷던 태양이가 땅에 털썩 주저앉았다.

"애들아, 잠깐 쉬었다가자."

앞서가던 태양이가 지친 표정으로 아이들에게 말했다.

뒤따르던 동글이와 유니도 태양이 옆에 앉았다.

"그래, 학교도 거의 다 왔으니 우리 좀 쉬었다 가자."

유니가 땀을 닦으며 말했다.

세 친구들은 지친 다리를 두드리며 한숨을 쉬었다.

곤충과 함께 찾아가는 에너지 대탐험

앵!

세 친구의 머리 위로 무언가 재빠르게 날아갔다.

"어?"

셋은 동시에 하늘을 쳐다보았다.

"무슨 소리 들렸지?"

"응, 엄청 시끄러운 소리였는데?"

"비행기인가?"

하늘 위에는 아무것도 보이지 않았다.

"얘들아, 우리 얼른 가자."

유니는 주위를 두리번거리며 말했다.

주변이 어두워 잘 보이지 않았다. 세 친구들은 엉덩이를 툭툭 털고 일어났다.

애앵!

또 한 번 소리가 나더니 무언가가 쏜살같이 날아갔다.

앵!

아까보다 더 큰 소리가 나더니 이번에는 세 친구들을 향해 무언가가 달려들었다.

"으악!"

"얘들아, 도망쳐. 우릴 공격하려나 봐."

"으아악!"

셋은 소리를 지르며 정신없이 도망쳤다.

이리저리 도망치던 동글이가 숨을 헐떡이며 멈춰 섰다.

"헥헥, 이제 안 보이는 것 같아."

다리에 힘이 풀린 친구들은 아예 바닥에 드러누웠다.

밤하늘에 별들이 한가롭게 반짝이고 있었다.

"메뚜기 아저씨처럼 멀리 뛰면 얼마나 좋을까?"

"잠자리나 꿀벌 아주머니처럼 날면 도망치기도 쉬울 거야."

"반딧불이 할아버지처럼 빛을 내면 무엇이었는지 볼 수 있었을 텐데……."

저마다 오는 길에 만났던 곤충들이 생각났다.

무섭고 힘들기는 했지만 재미있는 경험이었다.

"근데 좀 전에 뭐였어?"

유니가 물었다.

"몰라, 못 봤어."

"소리로 봐서는 엄청 큰 것 같아."

"맞아, 소리가 엄청 크던데?"

"뭐야, 뭔지도 모르고 도망친 거야?"

유니가 동글이에게 눈을 흘겼다.

"큰 소리는 너도 들었잖아."

"맞아, 비행기 소리처럼 컸어."

태양이는 동글이 편을 들었다.

"소리가 크다고 꼭 몸집이 크다는 거야?"

유니가 어이없다는 듯 말했다.

"그럼! 몸집이 큰 만큼 움직일 때 나는 소리가 큰 건 당연한 거 아냐?"

동글이도 지지 않고 말했다.

"동글아, 그건 북을 세게 치면 큰 소리가 나고 작게 치면 작은 소리가 나는 것과 같아."

유니의 과학 상식이 또 한 번 발동했다.

"그럼 몸집이 큰 거랑 전혀 상관없는 거야?"

"소리가 크고 작은 것은 힘과 관련이 있어."

"무슨 말이야?"

"같은 첼로를 켜더라도 손에 힘을 주어서 힘껏 켜면 큰 소리가 나겠지?

"아하, 그렇구나!"

앵!

갑자기 기분 나쁜 소리가 가까이에서 들렸다.

세 친구들은 귀를 쫑긋 세우고 소리 나는 쪽을 찾았다.

"얘들아, 이 소리 아까 우리가 들었던 소리지?"

"맞아, 얼른 도망가야 하지 않을까?"

같은 첼로라도 힘껏 켜면 더 큰 소리가 난다

동글이가 두리번거렸다.

"아니! 도망가지 말자."

태양이가 단호하게 말했다.

동글이는 눈이 휘둥그레졌다.

"아까 나던 소리가 우리를 따라왔잖아. 아무래도 우리를 공격하려는 것 같아."

동글이가 다급하게 말했다.

그러나 태양이는 태연한 표정이었다.

"아니! 우리 여기서 이 소리의 주인공이 누군지 살펴보자. 그래야 몸집이 큰지 작은지 알 수 있잖아."

"우릴 공격하면 어떡해?"

유니도 걱정스러운 얼굴로 말했다.

태양이는 아랑곳하지 않고 땅바닥을 살펴보더니 나뭇가지 하나를 주워 들었다.

"자, 나뭇가지 하나씩 들어! 우릴 공격하면 우리도 가만있지 않겠다고! 흥!"

태양이는 공격 자세를 취했다.

앵!

소리가 점점 가까이 다가왔다.

하는 수 없이 동글이와 유니도 나뭇가지를 하나씩 들고 방어 자세로 소리 나는 쪽을 향했다.

애앵!

소리가 점점 가까워지더니 커다란 물체가 보였다.

"으악!"

동글이가 놀라 막대기를 휘둘렀다.

동시에 유니와 태양이도 정신없이 막대기를 휘둘렀다.

"살려 줘!"

태양이는 휘두르던 손을 멈추고 눈을 떴다.

눈앞에는 커다란 모기 한 마리가 떨어져 있었다.

"살려 줘……."

"어? 모기?"

"으응……."

"네가 아까 우릴 공격했지?"

"어이쿠, 무슨 소리야. 난 아무 잘못도 안 했다고."

모기는 신음 소리를 내며 말했다.

"아니, 네가 맞아. 아까 뾰족한 침도 본 것 같아."

동글이는 도망치다 언뜻 본 침이 생각났다.

"아니야, 아니라고!"

곤충과 함께 찾아가는 에너지 대탐험

모기는 울먹이기 시작했다.

"억울해. 난 이제 막 깨어났단 말이야."

"응? 무슨 소리야?"

세 친구들은 어리둥절했다.

모기는 머리를 맞고 잠시 힘을 잃었던 몸을 추스르며 말했다.

"난 지금 처음으로 날았어. 너희들도 처음 본다고."

"그래? 믿을 수 없어."

"맞아, 그런데 왜 우리 쪽으로 막 달려온 거야?"

동글이는 눈을 가늘게 뜨며 모기에게 말했다.

"그건 미안해. 내가 아직 방향 전환이 서툴러서⋯⋯. 못 믿겠다면
나를 따라와 봐."

모기는 세 친구들에게 따라오라며 앞장서 갔다.

얼마 못 가 웅덩이에 도착했다.

"자, 여기 봐 봐."

웅덩이 한쪽에는 ★장구벌레들이 있었다.

"저기 웅덩이 안에 알 보이지?"

"장구벌레도 보여."

작은 웅덩이 안에 몇 마리의 장구벌레가 보였다.

> ★ **장구벌레**
> 모기의 애벌레. 물
> 속에서 산다.

"물속에서 애벌레, 번데기로 자랐다가 물 위로 올라와서 모기가
돼. 난 이제 막 여기서 나왔다고. 그러니깐 억울해."

173

모기는 앵앵거리며 울먹였다.

"알았어. 믿어 줄게. 그만 좀 울어."

동글이는 모기의 앵앵거리는 소리가 시끄러워 일단 믿기로 했다.

"정말? 고마워. 그럼 나 아무 잘못 없는 거 맞지?"

"아니!"

유니가 큰 소리로 말했다.

"그렇다고 네가 아무 잘못이 없는 건 아니야."

"응? 무슨 소리야?"

"넌 모기잖아. 지금이 아니더라도 분명히 우릴 물었을 거야."

곤충과 함께 찾아가는 에너지 대탐험

"왜?"

"넌 이제 막 태어나서 모르나 본데 모기들은 우리를 물고 피를 빨아 먹는다고."

"맞아, 그렇지."

동글이가 고개를 끄덕이며 맞장구쳤다.

"그러니까 너도 좀 있으면 분명히 우리를 물고 피를 빨아 먹을 거 아냐."

"무슨 소리! 난 아냐!"

"아니라고?"

"그래, 우리 모기들이 모두 다 동물의 피가 필요한 건 아니야. 난 수컷 모기라고!"

모기가 당당하게 말했다.

"그게 뭐?"

태양이가 묻자 모기가 얼른 대답했다.

"사람이나 동물의 피를 빨아 먹는 건 암컷이야. 알을 낳으려면 영양분이 필요한데 따뜻한 피에는 필요한 영양분이 많거든."

"응? 전혀 몰랐네."

유니가 고개를 갸우뚱하며 말했다.

"나 같은 수컷 모기는 알을 낳지 않으니깐 피가 필요하지 않아. 과일즙이나 식물즙만 먹는다고. 그러니깐 난 아무 잘못이 없어. 억

175

울해, 억울해!"

모기는 또 한 번 울컥하며 앵앵거렸다.

"알았어, 알았어."

동글이는 모기의 시끄러운 소리 때문에 머리가 지끈거렸다.

"아니! 넌 잘못이 있어!"

이번에는 태양이가 나섰다.

모기는 눈을 동그랗게 뜨며 태양이를 쳐다보았다.

"네 날갯소리는 너무 시끄러워. 밤에 잠을 잘 수가 없어."

"맞아, 네 날갯소리는 도대체 왜 이리 시끄러운 거야?"

동글이는 모기 소리를 참지 못하고 거들었다.

"내 날갯소리가?"

모기는 날개를 움직여 보았다.

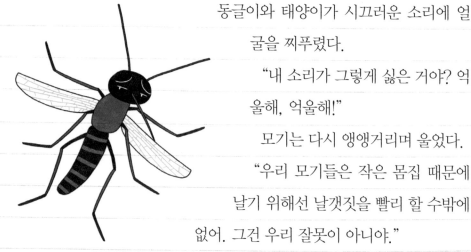

동글이와 태양이가 시끄러운 소리에 얼굴을 찌푸렸다.

"내 소리가 그렇게 싫은 거야? 억울해, 억울해!"

모기는 다시 앵앵거리며 울었다.

"우리 모기들은 작은 몸집 때문에 날기 위해선 날갯짓을 빨리 할 수밖에 없어. 그건 우리 잘못이 아니야."

"맞아. 모기 잘못이라고 할 수만은 없어."

유니가 모기 편을 들며 말했다.

"사람은 20Hz에서 20,000Hz 사이의 소리를 들을 수 있거든."

"그래서?"

"모기 날갯짓은 580Hz이기 때문에 사람들 귀에 아주 잘 들린다
는 거야. 그러니까 우리의 귀 탓이라고 할 수 있어."

"들었지? 난 아무 잘못이 없다고. 억울해!"

"그런데 밤에 소리가 더 크게 들리는 이유는 뭐야?"

"낮보다 조용해서 크게 들리기도 하지만 소리는 공기 밀도가 큰

8. 모기는 억울해!

쪽으로 굴절하기 때문이야."

"응? 더 자세히 설명해 줘."

동글이가 고개를 갸웃거리며 말했다.

"낮에는 햇볕 때문에 땅 위의 공기가 뜨거워지면서 밀도가 낮아져. 그럼 공기가 하늘로 올라가게 되거든. 이때 소리도 함께 굴절하면서 위로 올라가."

"그럼 밤에는 반대로 되는 거야?"

모기가 앵앵거리면서 물었다.

"응 맞아. 밤에는 땅에 있는 공기가 식으니깐 밀도가 높아져. 그래서 공기도 소리도 아래로 굴절하기 때문에 더 크게 들리는 거지."

"모기 소리는 정말 소음이라니까."

태양이가 퉁명스럽게 말했다.

"소음?"

"응, 불쾌하고 시끄러운 소리를 소음이라고 해."

유니는 모기를 잠깐 바라보다가 말을 이었다.

"소리의 세기를 나타내는 단위는 데시벨(dB)인데, 모기 소리는 비행기 소리와 비교해 볼 때 작은 수치에 불과해. 하지만 조용한 밤에 귀에서 들리는 모기 소리는 정말 못 참겠어."

유니의 말을 듣던 모기가 다시 울먹이며 울음을 터뜨리려 했다.

"흑흑……. 그럼 나만 시끄러운 거야? 다른 곤충들은 소리를 안

일상생활 속의 소리

종류	소리의 세기(dB)
모기 소리	3
시계 초침 소리	20
보통 대화	60
시끄러운 사무실	70
비행기 엔진 소리	120

내?"

모기는 자신에게만 시끄럽다며 화를 내는 건 억울하다고 생각했다.

"물론 다른 동물들도 소리를 내지. 장수풍뎅이는 1초에 30번 정도 날갯짓을 해."

"내 친구 파리는?"

모기가 친한 사이인 파리는 어떤지 궁금했다.

"파리는 150번 정도. 너보다는 적게 해."

"그럼 나는?"

"너는 600번!"

"정말 많이 하는구나……."

모기가 시무룩한 표정으로 말했다.

곤충별 초당 날갯짓 수

종류	1초에 움직이는 날갯짓 수
장수풍뎅이	30번
파리	150번
벌	230번
모기	600번

"걱정 마. 너보다 더 시끄러운 소리를 내는 곤충도 있을 거야."

유니가 모기를 위로해 주었다.

"그렇지만 조용한 밤에 사람의 귀에 가까이 와서 소리를 내니 우리도 아주 힘들다고."

그러나 태양이는 지지 않고 쏘아붙였다.

"그럼 너희들에게 듣기 좋은 소리는 어떤 거야?"

"음, 좋은 질문! 여러 가지가 있는데 그중에서 사람들이 좋아하는 음에 대해 말해 줄게."

유니는 잠깐 생각에 잠기더니 곧 이어서 말했다.

"옛날에 피타고라스라는 수학자가 있었어. 어느 날 우연히 마을의 대장간을 지나치는데 망치질 소리가 아름답게 들린 거야."

"그래서?"

곤충과 함께 찾아가는 에너지 대탐험

"수학자인 피타고라스는 각 음에는 고유의 주파수가 있다는 것을 알고 음을 분석을 했어. 그 결과 두 음의 주파수를 분수로 만들어 분모, 분자가 7보다 작은 수이면 음이 아름답게 들린다는 것을 알았지."

"와, 대단해!"

"예를 들면 '미'와 '솔'은 $\frac{330}{369}$이잖아. 약분을 해서 기약분수로 나타내면 $\frac{5}{6}$, 분모, 분자가 모두 7보다 작으니까 잘 어울리는 음이라는 말이지."

"오…… 그렇구나."

"'레'와 '라'는 $\frac{297}{440}$이잖아. 기약분수로 나타내면 $\frac{3}{10}$이라 분모가 7

각 음의 주파수

음계	도	레	미	파	솔	라	시	도
주파수(Hz)	264	297	330	352	396	440	495	528

★ **순정률**
음의 진동수 비에 기초해 만든 음계의 조율법.

보다 크기 때문에 어울리지 않는 음이고. 이걸 이용해서 ★순정률이라는 게 탄생하게 돼."

"그렇구나. 나는 너희들과 잘 안 어울리는 소리를 가졌나 봐. 미안해."

모기는 무척 실망한 표정으로 날개를 축 늘어뜨리며 말했다.

"모기야, 너무 실망할 건 없어. 사람들이 너를 싫어한다고 모두가 너를 싫어하는 건 아니야."

유니가 모기를 위로해 주었다.

"맞아, 너한테는 네 소리를 좋아하는 친구들이 분명히 있을 거야."

동글이도 모기에게 희망을 주고 싶었다.

"그럴까?"

동글이가 태양이의 어깨를 툭 건드리며 도와달라는 눈짓을 했다.

"당연하지! 너의 소리를 좋아해 주는 친구들이 분명히 있을 거

곤충과 함께 찾아가는 에너지 대탐험

야."

"맞아, 걱정 말고 힘내."

세 친구들이 한목소리로 힘을 주었다.

"정말 그럴까?"

세 친구들이 동시에 고개를 끄덕였다.

모기는 축 늘어진 날개를 다시 곧게 펴고 힘차게 날았다.

"애들아, 안녕! 나도 친구 찾으러 갈게."

모기는 친구들에게 고맙다며 인사를 했다.

"모기야, 잘 가. 꼭 좋은 친구 찾길 바라."

"잘 가, 잘 가!"

피아노나 바이올린처럼 소리 나는 물체의 공통점은 무엇일까?

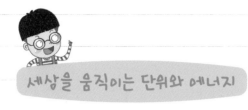

세상을 움직이는 단위와 에너지

소리도 에너지일까?

소리도 일종의 에너지 흐름입니다. 다만 소리를 전기에너지로 바꾸기는 어렵습니다. 에너지보존법칙에 따라 전기에너지로 사용하기 위해서는 그 만큼의 소리에너지가 필요하기 때문입니다.

따라서 소리에너지를 다른 방법으로 변환해서 정보 전달의 매체로 사용하고 있는데요. 하나의 소리굽쇠를 쳤을 때 옆에 있는 다른 소리굽쇠가 울리는 것처럼 공명 현상을 이용한 것입니다. 전기적인 공명 현상을 이용한 것으로 마이크, 라디오, 스피커가 해당됩니다.

빨대 팬플루트 만들기

소리를 이용한 재미있는 악기를 만들어 보겠습니다. 일반적으로 사용하는 빨대면 충분합니다. 아래 음에 해당하는 크기로 잘라서 만들면 되는데요. 주의할 점은 안전을 위해서 꼭 부모님과 함께해 보세요.

곤충과 함께 찾아가는 에너지 대탐험

재료

빨대, 투명 테이프, 가위, 지점토

만드는 법

1. 빨대를 길이에 맞게 자른 다음 투명 테이프로 나란히 붙인다.

음계	도	레	미	파	솔	라	시	도
빨대 길이 (cm)	8.0	7.1	6.4	6.0	5.3	4.8	4.3	4.0

2. 지점토를 이용해 빨대 밑을 막는다.

※ 빨대 팬플루트에서 소리가 나는 원리

　빨대 안에서 소리가 울리면서 공기를 진동시키고 그 공기가 우리 귀에 있는 고막을 진동시켜서 들리게 된다.

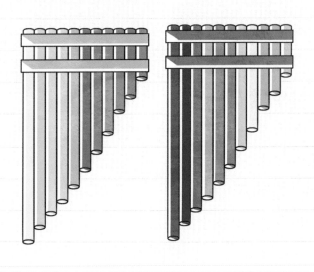

에필로그

학교 앞에 다다랐다.

"애들아, 드디어 다 왔어!"

태양이가 환호했다.

"동글아, 얼른 가자. 거의 다 왔어!"

유니도 앞서 뛰어 갔다.

갑자기 동글이는 너무 힘이 들어서 친구들을 따라 뛸 수가 없었다. 두 다리가 땅에 붙은 것처럼 무거웠다.

"동글아, 동글아."

유니가 동글이를 불렀다.

"동글아, 동글아."

곤충과 함께 찾아가는 에너지 대탐험

태양이도 동글이를 불렀다.

"잠시만, 잠시만, 나 다리가 안 움직여!"

"얼른 일어나!"

유니와 태양이가 다시 한번 동글이를 흔들었다.

"알았어, 알았어. 얼른 갈게. 다리가, 다리가……."

"얼른 일어나라니까!"

태양이가 동글이의 어깨를 좀 더 세게 흔들었다.

"어?"

동글이 눈앞에 갑자기 밝은 빛이 들어왔다.

에필로그

동글이는 눈살을 찌푸리며 눈을 깜빡거렸다.

"휴, 벌써 다 온 거야?"

어리둥절한 동글이에게 태양이가 얼굴을 바짝 들이댔다.

"너 괜찮아? 여기서 뭐 해?"

"응?"

동글이는 정신을 차리고 주위를 둘러보았다.

밤하늘의 별과 반딧불이, 초록빛 풀이 사라지고 교실과 복도가 눈앞에 있었다.

"어? 여기가 어디지?"

"어디긴 어디야, 학교지. 우리 교실이잖아."

동글이가 두리번거리며 이상한 말을 하자 유니가 답답하다는 듯 말했다.

"야호! 우리 드디어 학교를 찾아왔구나!"

갑자기 동글이는 벌떡 일어나 펄쩍펄쩍 뛰며 좋아했다.

유니와 태양이는 어리둥절해하며 동글이를 쳐다보았다.

"언제 아침이 됐지? 얘들아, 우리 몸도 다시 커진 거지?"

동글이는 자신의 모습을 살펴보며 말했다.

유니는 못 말린다는 표정으로 웃으며 교실로 들어갔다.

"태양아, 나를 찾으러 와 줘서 고마워. 넌 역시 내 친구야!"

동글이는 태양이를 힘차게 끌어안으며 말했다.

"알았어, 알았어."

태양이는 마지못해 동글이가 하는 대로 내버려 뒀다.

교실 문 앞에서 자다 일어난 동글이는 자꾸 이상한 말을 했다.

딩 동 댕 동

점심시간 종이 울렸다.

"얘들아, 우리 숲속 친구들 만나러 가자."

동글이는 점심도 먹는 둥 마는 둥 하고선 급하게 유니와 태양이를 재촉했다.

세 친구들은 학교 앞 화단으로 달려갔다.

화단 앞에는 1학년 아이들이 모여 있었다.

"무슨 일이지?"

유니가 모여 있는 아이들 쪽으로 걸음을 옮겼다.

동그랗게 모여 쪼그려 앉아 있는 아이들 가운데에 개미가 줄지어 가고 있었다.

아이들은 개미가 줄지어 가는 것을 신기한 듯 쳐다보고 있었다.

한 아이가 친구들에게 말했다.

"얘들아, 개미도 수영할 수 있다!"

"정말?"

"에이, 거짓말!"

189

아이들은 개미를 보며 저마다 한마디씩 했다.

그때 한 아이가 갑자기 개미 한 마리를 손으로 잡아 고인 물속에 떨어뜨렸다.

개미는 물웅덩이에서 필사적으로 다리를 허우적거렸다.

"살려 줘!"

동글이는 개미의 다급한 소리를 똑똑히 들었다.

동글이는 순간 아이들 틈 속으로 들어가 얼른 개미를 집어 물웅덩이에서 꺼내 주었다.

개미를 다시 땅바닥에 놓자 개미는 쏜살같이 무리를 쫓아갔다.

모여 있던 아이들의 눈이 일제히 동글이를 향했다.

곤충과 함께 찾아가는 에너지 대탐험

"얘들아, 개미는 우리 친구야! 그렇게 힘들게 하면 안 돼!"

동글이가 화난 듯 말했다.

놀란 아이들이 어쩔 줄 몰라 서로 쳐다보았다.

"얘들아, 개미는 집에 가는 길이야. 길을 잃어버리면 집에 갈 수 없잖아. 그치?"

유니는 놀란 아이들을 다독이며 부드럽게 말했다.

"누나, 개미는 수영 못 하지?"

한 아이가 유니에게 물었다.

"글쎄, 하고 싶을 때는 할 수도 있지 않을까? 지금은 집에 가는 길이라 수영하기 싫은 것 같아. 너희들도 누가 억지로 하라고 하면 싫잖아. 그치?"

유니의 대답에 아이들이 고개를 끄덕였다.

아이들이 흩어지고 태양이가 유니한테 속삭였다.

"너 아까 무슨 소리 못 들었어?"

태양이 말에 유니가 깜짝 놀라며 말했다.

"설마? 그 소리 너도 들은 거야?"

유니는 놀란 눈으로 태양이를 쳐다봤다.

그때 갑자기 동글이가 유니와 태양이를 불렀다.

"얘들아, 이리 와 봐. 여기 친구들이 있어!"

191

곤충과 함께 찾아가는 퀴즈 정답

퀴즈 1   18.84cm

물병의 둘레를 구하는 공식은 지름×원주율이다. 식으로 나타내면
둘레＝6×3.14. 그러므로 물병의 둘레는 18.84cm이다.

퀴즈 2   ④ b

넓이의 단위는 cm², m², a, ha, km²를 쓴다.

퀴즈 3   지렁이 집에 물이 차기 때문이다.

비가 오면 지렁이 집에 물이 차게 된다. 홍수가 난 집에 물이 차면
어떤 행동을 해야 할까? 얼른 피해야 한다. 지렁이도 마찬가지로
집에 물이 찼기 때문에 물을 피해서 나온 것이다.

퀴즈 4   ③ m

무게의 단위로는 g, kg, t을 사용한다. m는 거리의 단위이다.

퀴즈 5 비행기

우리가 흔히 볼 수 있는 헬리콥터, 여객기 등 비행기는 모두 양력을 이용해 움직이는 교통수단이다.

퀴즈 6 군복

보호색을 이용한 기술은 군복, 무기 등 군사 제품에서 많이 사용된다. 적으로부터 눈에 쉽게 띄지 않게 하기 위해서다.

퀴즈 7 전기를 절약할 수 있는 방법은 여러 가지가 있다.

① 실내 온도를 적정온도(26℃~28℃)로 유지한다.

② 대기 전력을 차단한다. 코드를 뽑거나 대기전력을 차단하는 장치를 설치하면 전력 소모를 줄일 수 있다.

③ 사용하지 않는 전기 제품의 전원을 끈다.

퀴즈 8 물체가 떨린다.

물체에서 나는 소리가 우리 귀에 들리는 이유는 물체의 떨림이 공기로 전달되고 고막을 통해 우리 귀에 들어오기 때문이다.

융합인재교육(STEAM)이란?

수학·과학 교육의 새로운 패러다임

"지구는 둥근 모양이야!"라고 말한다면 배운 것을 잘 이야기할 수 있는 학생입니다.

"지구가 둥글다는 것을 어떻게 알게 되었나요?"라고 질문한다면, 그리고 그 답을 스스로 생각해 보고 궁금증에 대한 흥미를 느낀다면 생활 주변에서 배우고 성장할 수 있는 학생입니다.

미래 사회는 감성과 창의성으로 학문의 경계를 넘나드는 융합형 인재를 필요로 합니다. 단순히 지식을 주입하는 데 그치지 않고 '왜?'라고 스스로 묻고 찾아볼 수 있어야 합니다.

미국, 영국, 일본, 핀란드를 비롯해 여러 선진국에서 수학과 과학의 융합 교육에 힘쓰고 있습니다. 우리나라에서도 창의 융합형 과학기술 인재 양성을 위해 교육부에서 융합인재교육(STEAM) 정책을 추진하고 있습니다.

융합인재교육은 과학(Science), 기술(Technology), 공학(Engineering), 예술(Arts), 수학(Mathematics)을 실생활에서 자연스럽게 융합하도록 가르칩니다.

〈수학으로 통하는 과학〉 시리즈는 융합인재교육 정책에 맞춰, 학생들이 수학과 과학에 대해 흥미를 갖고 능동적으로 참여하며 스스로 문제를 정의하고 해결할 수 있도록 도와주고 있습니다.

스스로 깨치는 교육! 수학과 과학에 대한 흥미와 이해를 높여 예술 등 타 분야와 연계하고, 이를 실생활에서 직접 활용할 수 있도록 하는 것이 진정으로 살아 있는 교육일 것입니다.

14 수학으로 통하는 과학

곤충과 함께 찾아가는 에너지 대탐험

ⓒ 2018 글 서원호, 안소영
ⓒ 2018 그림 조봉현

초판 1쇄 인쇄일 2018년 12월 13일
초판 1쇄 발행일 2018년 12월 27일

지은이 서원호, 안소영
그린이 조봉현
펴낸이 정은영
편집 최성휘, 차혜린, 김정택 **디자인** 서은영, 김혜원
제작 이재욱, 박규태 **마케팅** 한승훈, 이혜원, 최지은

펴낸곳 ㈜자음과모음
출판등록 2001년 11월 28일 제2001-000259호
주소 04047 서울시 마포구 양화로6길 49
전화 편집부 (02)324-2347, 경영지원부 (02)325-6047
팩스 편집부 (02)324-2348, 경영지원부 (02)2648-1311
이메일 jamoteen@jamobook.com
블로그 blog.naver.com/jamogenius

ISBN 978-89-544-3929-9(44400)
      978-89-544-2826-2(set)

잘못된 책은 교환해 드립니다. 저자와의 협의하에 인지는 붙이지 않습니다.

이 도서의 국립중앙도서관 출판시도서목록(CIP)은 서지정보유통지원시스템
홈페이지(http://seoji.nl.go.kr)와 국가자료공동목록시스템(http://www.nl.go.kr/kolisnet)에서
이용하실 수 있습니다.(CIP제어번호: CIP2018038981)